IWANAMI DATA SCIENCE Vol. 1
岩波データサイエンス

[特集]
ベイズ推論と
MCMCのフリーソフト

[話題] 脳とディープニューラルネットワーク [林 隆介]
[連載]
確率と論理の融合 [佐藤泰介・麻生英樹]
[掌編小説]
円城 塔

岩波書店

IWANAMI
DATA
SCIENCE vol.1
岩波データサイエンス

特集「ベイズ推論とMCMCのフリーソフト」
伊庭幸人 4

ベイズ超速習コース　　伊庭幸人 6

2ページでわかるMCMCの秘密　伊庭幸人 17

階層ベイズ 最初の一歩 .... JAGSを使って
久保拓弥 19

時系列・空間データのモデリング
伊東宏樹 39

MCMCソフトを使う前に
........一般的な準備から統計モデリングまで　松浦健太郎 60

Stan入門 .... 次世代のベイジアンモデリングツール
松浦健太郎 63

Pythonとは　高柳慎一 82

PythonのMCMCライブラリPyMC
渡辺祥則 84

MCMCソフトウェアの比較　松浦健太郎 95

時間・空間を含むベイズモデルの
いろいろな表現形式　伊庭幸人 ……………… 96

赤池スクールとベイズ統計
　……… 1980年代の統計数理研究所　伊庭幸人 ……………… 107

[話題]

脳とディープニューラルネットワーク
　……… 視覚情報の復号化　林　隆介 ……………… 110

インタビュー[林　隆介]×聞き手＝伊庭幸人・麻生英樹 ……………… 127

[連載]

確率と論理を融合した
確率モデリングへの道—①
佐藤泰介・麻生英樹 ……………… 133

[その他・小説]

計算機で作る面白いナンプレ　とん ……………… 80

掌編小説《海に溺れて》❶対戦　円城 塔 ……………… 108

〈次巻予告〉……………… 79

表紙挿画＝蛯名優子　表紙裏挿画＝北島顕正
デザイン＝佐藤篤司

特集 ベイズ推論とMCMCのフリーソフト

「岩波データサイエンス」の最初の巻の特集は「ベイズ推論とMCMCのフリーソフト」である。現実の複雑な状況でデータを分析するために必須の道具となりつつある階層ベイズの枠組み，そして，それを支えるMCMC（マルコフ連鎖モンテカルロ法）をベースとしたフリーな統計環境について，基礎から最新の情報までをお伝えしたい。

一般に，実際のデータ解析においては，入門書にあるようなキレイで単純な状況というのはあまり存在しない。少し考えても

- 個人差や個体差，グループ構造
- 時間的な変動，非定常性
- 空間的な不均一性，地域差
- サンプル間の相関
- 季節変動，曜日の効果
- 外れ値や変化点

などがまったく含まれないデータというのは，むしろまれだろう。そこに，学ぶ側，教える側双方のジレンマがある。単純化された「基礎」を説明するだけでは，かえって間違った結果を招きかねないが，個々の特殊な場合についての解決法をレシピのように並べたのでは，ユーザーは身動きが取れなくなってしまう。

階層ベイズの枠組みを用いたモデリングは，MCMCとともに用いることで，この状況をある程度解決することができる。すなわち，最初にテンプレートとなる原型を教わって，少し練習すれば，ユーザー自身がそれを自分の問題に合わせて修正することで，上記のような効果を自由に組み入れていくことが可能になるのである。このあたりが，多くの応用分野の人びと，そして統計的手法に関心のあるデータサイエンティストにとって，身に付ければ得難い味方となる点であり，人気の秘密である。

特集の具体的な内容に簡単に触れておく．まず，前菜に相当する「ベイズ超速習」のコーナーでは，ベイズ推論について生成モデルという観点から「最短の解説」を試みた．

次の長い記事から，本格的なモデリングの話になる．久保氏の解説では，BUGS言語による MCMC ツールの利用を意識しながら，階層ベイズモデルの基本となる形を導入している．伊東氏の解説では，時系列データと空間データのモデリングを扱う．本来は，カルマンフィルタや逐次モンテカルロ法など他の手法にも触れるべきであるが，ここでは紙数の制限で禁欲した．

続く2つは新しいソフトウェアの話である．まず，松浦氏による解説では Stan が紹介される．Stan はハミルトニアン・モンテカルロ法の採用で高速で柔軟な計算を可能にした話題のソフトである．さらに，渡辺氏による，いま人気の言語 Python での MCMC ツールの記事が続く．

最後に，時間・空間を含むモデルについて，さまざまな表現形式の関連を示した．やや数式が多いが，中上級者には役立つと期待している．

以上のほか，1～3 ページのコラムをいくつか分担で執筆して途中に挿入したので，気軽に読んでいただきたい．

本特集の発端は「MCMC のフリーソフトをまとめて解説した内容なら買う」という人が何人かいたことで，その時点では，ある程度の予備知識のある人を対象として，ツールの解説をする内容を考えていた．

しかし，それでは範囲を限定しすぎではないか，ということになり，ツールの利用を前提として，ベイズ推論や階層ベイズモデリングを学ぶことを，もうひとつの目的とすることになった．最初にあげた 6 種類の問題をすべて扱うことはできなかったが，最初の 3 つくらいについては，ある程度例示できたのではないかと思う．

この特集が，階層ベイズモデリングによる「新しい統計入門」へのきっかけとなれば幸いである．

（特集担当　伊庭幸人）

[特集]ベイズ推論とMCMCのフリーソフト

ベイズ超速習コース

伊庭幸人(統計数理研究所)

ベイズ統計とはどういう統計学か

この特集で扱うような内容を実践的に身につけるのが目的であれば,ベイズ統計そのものを必要以上に深刻に考える必要はない。とりあえず,

> あんまり理屈のいらない簡単な統計学

と思っておけばよい。実際,すぐあとで述べるベイズの公式(ベイズの定理)というたったひとつの道具だけでほとんど何でもできてしまう。そんなうまい話があるか,と思うかもしれないが,もちろんタネがある。

> 普通の統計学(頻度主義の統計学)より仮定が多い

のが簡単になる理由である。

どんなふうに仮定が多いのか。ベイズ統計では,データだけでなく,データの背後にある要素も確率的に生成されると仮定するのである。これがもっともな仮定か,少々無理のある仮定なのかは場合による。「検査で異常な値が出た人が病気と判定される確率」や「メールがスパムである確率」を考えるとき,「検診に来た人」とか「いま到着したメール」がある集団からランダムに抽出されたと仮定して,それらについて確率を考えることは,多くの人が受け入れるだろう。しかし,データに直線をあてはめるとき,その直線の傾きと切片が,ある確率分布からのサンプルであると想定してよいのか。この場合には,ちょっと心配になる人も多いと思う。しかし,ベイズの立場では,そうした対象も含めて,世界のあらゆるものが確率分布から生成されたサンプルだと割り切って考える。その代わりにいろんなことが簡単になるわけだ。

簡単になって安心して終わり,というわけではない。理屈の部分が簡単になった分,そこでできた余力を使って,複雑な世界をユーザーが確率分布を使ってモデル化して考えることができ,それをデータと解析結果を眺めながら改良してい

こう，というのが本当のメッセージである。

ベイズ推論──何を仮定して何を知るか

ベイズ推論とはどういうものか。まず，各種のパラメータとか，未知の要素を全部ひとまとめにして X と書こう。ベイズ統計では，X の値が確率的に生成されたと仮定して，その確率分布 $p(x)$ を**事前分布**と呼ぶ。次に X の値を与えたもとで，データ Y が作り出される**条件付き確率** $p(y|x)$ を仮定する。すると，ベイズ推論とは，

> $p(x)$ と $p(y|x)$ を仮定したとき，データの値 Y が与えられたときの X の確率分布 $p(x|y)$ を求める

ことに相当する。$p(x|y)$ を**事後分布**という。

たとえば「急に高熱が出た」としよう。これがマラリアによるものである確率を求めたい。まず，X がさまざまな原因をあらわすとして，考えられる X の値 x のそれぞれについて，事前確率 $p(x)$ が必要である。具体的には，**高熱があるかどうかをまだ聞かない状態**での，熱の原因となる病気──風邪とか，インフルエンザとか，食あたりとか，マラリアとか──の確率である。次に，Y のとる値 y が「高熱」か「高熱なし」のいずれかとして「事象 $X=x$ が起きたとき高熱がでるかどうか」の確率を $p(y|x)$ であらわそう。この2つから，ほしい事後確率 $p(X=$マラリア$|Y=$高熱$)$ を求めるのがベイズ推論である。

> 上で変数の記号に大文字と小文字があるのは誤植ではなく，「ランダムな値をとる変数」（大文字の X, Y など）と「確率の値をあらわす関数の引数」（小文字の x, y など）を区別する慣習に従ったからだが，よくわからない人は違いを無視しても大丈夫である。$p(x)$ と $p(X=x)$ は同じ意味で，状況によって使い分けている。また，確率や確率密度をあらわす文字は全部 p にして引数で区別するのは，この分野の伝統である。大文字の P を確率，小文字の p を確率密度と使い分けることもあるが，この解説ではすべて小文字にした。

ベイズの公式──たったひとつの道具

「原因」X と「結果」Y をひっくり返すにはどうするか。それには，X と Y

の同時確率 $p(x,y)$ が2通りに書けることを使う。
$$p(x|y)p(y) = p(x,y) = p(y|x)p(x)$$
すべての可能な X の値 x について足し合わせることを $\sum_x$ と書くことにして，上の式の左右を $\sum_x$ すると，確率の定義から $\sum_x p(x|y) = 1$ なので，
$$p(y) = \sum_x p(y|x)p(x)$$
となる。この式の両辺で上の式の左右を割れば，
$$p(x|y) = \frac{p(y|x)p(x)}{\sum_x p(y|x)p(x)}$$

これが**ベイズの公式**である。分母の部分は，$\sum_x$ が連続量の値をとる場合には積分になり，確率の代わりに確率密度関数を使うことになる。先に例にあげた話では

$$p(X=マラリア|Y=高熱) = \frac{p(Y=高熱|X=マラリア)p(X=マラリア)}{\sum_x p(Y=高熱|X=x)p(X=x)}$$

となる。ここで $\sum_x$ は原因 X のとりうる値すべてについての和である。

　ここで，マラリアにかかった人が高熱を出す確率 $p(Y=高熱|X=マラリア)$ は大きいかもしれないが，現代の日本で生活している人であれば，事前確率 $p(X=マラリア)$ は他の考えられる原因に比べて小さいので，事後確率 $p(X=マラリア|Y=高熱)$ は非常に小さくなるだろう。もし，海外の流行地から帰国したばかりであれば，$p(X=マラリア)$ の値が大きくなるので，事後確率の値は変わってくる。実は，日本国内でも，本州や北海道を含めた地域で，マラリアの事前確率が無視できない時代があったそうである。

[**事後確率の計算例**]

　参考のため，架空の確率の値を使った事後確率の計算例を表1に示した。表1では，うんと簡単化して，X のとりうる値は「マラリア」と「マラリア以外の病気」の2つにしている。この場合 $\sum_x p(Y=高熱|X=x)p(X=x)$ は
$$p(Y=高熱|X=マラリア以外) \times p(X=マラリア以外) = 0.0999$$

表1―マラリアの事前確率が 1/1000 の場合

x	$p(高熱|x)$	$p(x)$	$p(高熱|x)p(x)$	$p(x|高熱)$
マラリア以外	0.1	**0.999**	0.0999	**0.99**
マラリア	0.9	**0.001**	0.0009	**0.01**

表2―マラリアの事前確率が 1/10 の場合

x	$p(高熱|x)$	$p(x)$	$p(高熱|x)p(x)$	$p(x|高熱)$
マラリア以外	0.1	**0.9**	0.09	**0.5**
マラリア	0.9	**0.1**	0.09	**0.5**

$$p(Y=高熱|X=マラリア) \times p(X=マラリア) = 0.0009$$

の2つの項の和になる．マラリア以外の病気を全部まとめて「高熱の出る確率10％」などというのは，現実的ではないが，事前確率の効果をみるための例として許されたい．

マラリアの事前確率が 1/10 であるとし，他は同じにすると，こんどは表2のように大きく違った答になる．

これをみると「事前確率の効果を取り入れられるのがベイズの利点だ」と考えたくなる．それはあながち間違いではないが，このあと出てくるような例では，はっきりとした事前確率の値を推測することが難しいので，痛し痒しということになる．実は，その点を救済し，さらに事前確率の効果を積極的に利用するために，最後に出てくる階層モデルが役立つのである．

直線をあてはめる――ベイズの公式の使い方

多くの「ベイズ統計早わかり」の解説は，いまの例のような話で終わってしまう．われわれの目標は，普通の統計がやれることをひと通りベイズの枠組みでやってみせ，さらに先に行く足場とすることである．

そこで，いまの例と同じ考え方を，**直線をデータにあてはめる問題**に適用してみよう．以下では，説明変数を t であらわし，$(t_i, y_i)(i=1,\cdots,N)$ というデータに対して，$y=at+b$ という直線をあてはめることを考える．雑音に正規分布を仮定し，分散 σ^2 は既知としよう．y と $at+b$ の差が，正規分布からの独立なサンプルになることから，

$$p(\{y_i\}|a,b) = \prod_{i=1}^{N} \frac{1}{\sqrt{2\pi\sigma^2}} \exp\left(-\frac{1}{2\sigma^2}(y_i - at_i - b)^2\right)$$
$$= \frac{1}{(\sqrt{2\pi\sigma^2})^N} \exp\left(-\frac{1}{2\sigma^2}\sum_{i=1}^{N}(y_i - at_i - b)^2\right) \quad (1)$$

となる。この場合の傾き a と切片 b の事前分布 $p(a), p(b)$ は悩むところである。分布の形以前に，どの範囲に a と b があるのかわからない。とりあえず，他に情報がなければ「十分に幅の広い」正規分布か一様分布をとることにしよう。すると，傾き a と切片 b の事後分布の確率密度関数は

$$p(a,b|\{y_i\}) = \frac{1}{C} \exp\left(-\frac{1}{2\sigma^2}\sum_{i=1}^{N}(y_i - at_i - b)^2\right) \quad (2)$$

となる。ここで，$p(a)$ と $p(b)$ は，ほとんど定数なので式の中から除いた。また，

$$C = \int_{-\infty}^{\infty}\int_{-\infty}^{\infty} \exp\left(-\frac{1}{2\sigma^2}\sum_{i=1}^{N}(y_i - at_i - b)^2\right) da\,db$$

は a や b を含まない定数である。

式(2)の見かけは，すぐ上の式(1)と変わらないが「a と b の分布」になっている点が重要だ。なんだか見慣れない式だ，と思うかもしれないが，普通の統計との関係は次の節まで待ってほしい。

いまの場合の $p(x|y)$ は $x=(a,b)$ という 2 変量だった。あとで出てくる階層モデルなどになると，x をベクトルと考えたときの要素の数は数十から数千にもなる。そういう状況で，事後分布での期待値や各変数の周辺分布を計算したり，事後分布からのランダムサンプルを取り出したりするのは容易ではない。そこで登場するのが，マルコフ連鎖モンテカルロ法（MCMC）である。ベイズ推論のための計算手法はいろいろあるが，その中で，とにかくユーザーが楽して何でもできる，というのが MCMC である。ただし，その代償として，計算時間がかかったり，収束の不安が避けられないことになる。

最尤推定――パラメータの確率でOK

ベイズの枠組みでは，X の事後分布 $p(x|y)$ そのものが「答」なのだが，ひとつの推定値を答として出してほしいこともある。このときは，事後分布 $p(x|y)$，あるいは事後分布から定数因子を除いた

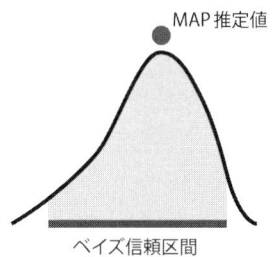

図 1—●が MAP 推定値，下の横棒がベイズ信頼区間を示す．事前分布がほぼ平らに広がっているときは MAP 推定値は最尤法による推定値と近似的に一致する．

$$p(y|x)p(x) \text{ を最大にする } x = x^* \text{ を推定値とする}$$

のがひとつの考え方である．これを **MAP 推定値**という（図 1）．もし，事前分布 $p(x)$ が「ある広い範囲で大体一様」とかであれば，MAP 推定値は

$$p(y|x) \text{ を最大にする } x = x^* \text{ を推定値とする}$$

とほぼ一致する．これが**最尤法**によるパラメータの推定である．

　直線のあてはめの例では，最尤法による (a, b) の推定値は，確率密度関数 (2) を最大化する，つまり

$$\sum_{i=1}^{N}(y_i - at_i - b)^2$$

を最小にする (a, b) である．すなわち，ベイズの枠組みから，最尤法を経て，最小 2 乗法が再現されたわけである．

　最尤法による推定は，最小 2 乗法に限らず，常識的な結果や既知の推定値をまとめて再現する．それだけでなく，直観的にはどうしたらよいかわからない場合や推定するパラメータ間に拘束条件がある場合にも使える，という優れものである．しかし，最尤法自体はベイズ固有のものではなく，普通の統計学でも広く使われている．ベイズ統計の枠組みで考える利点は，最尤法の意味がわかりやすいことである．とくにベイズでなくても，$p(y|x)$ がもともと

パラメータ X の値を与えたときのデータ Y の確率

ならば，最尤推定では方向を逆にして，

　　　データ Y の値を与えたときのパラメータ X の確率

を考えていると思いたくなる。しかし，この解釈は「パラメータは確率変数ではない」とする普通の統計学ではありえない。いっぽうベイズ統計では，この直観に近いことが正当化されるかわり，パラメータが何らかの確率分布からのサンプルであるという仮定を認めなければならない。

　普通の統計との対応を示すために MAP 推定値を持ち出したが，実は，MCMC は MAP 推定値との相性があまりよくない。MCMC は基本的には「事後分布からのサンプリングのための道具」であって，最適化手法ではないからである。MCMC で MAP 推定値を求める simulated annealing 法というのもあるが，こんどは誤差の推定が同時にはできなくなってしまう。MCMC を使う場合に，推定値をひとつに決めること（点推定）を要求されたときは，事後分布による期待値とか，目的の変数の分布（周辺分布）の中央値やモードを用いるのが一般的である。

信頼区間と予測区間――知らないうちにベイジアン？

　事後分布 $p(x|y)$ は，パラメータの誤差・統計的ばらつきについての情報も含んでいる。これを取り出すには，X のある成分が，たとえば 95% の確率で含まれる区間を考えればよい（図1）。これを**ベイズ信頼区間**という。**信用区間**あるいは**確信区間**と呼ぶこともある。ベイズ信頼区間は MCMC などを使えば容易に求められる。

　普通の統計学でも 95% 信頼区間はお馴染みである。ところが，それは決して「95% の確率でパラメータが含まれる区間」ではないということをご存知だろうか。ベイズと異なって「データを与えたときのパラメータの確率分布」というものは考えないのだから，そのような解釈が成立する余地はないのである。実のところ「普通の意味の信頼区間」をきちんと定義するのは想像以上に難しい。自信のない人はこの機会にテキストやウェブで調べてみてほしい。

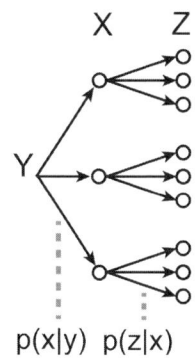

図 2―ベイズ統計における予測分布。パラメータ X の値を事後分布から選び，そこからデータ Z を発生させる。次の図 3 と違い○はサンプルのつもりである。図 3 の書き方では⑨→⊗→②となる。

「信頼区間」についても，かなり多くの人が無意識にベイズの解釈をしているのではないかと疑われるが，「予測区間」になると，ベイズのわかりやすさがよりはっきりする。信頼区間はパラメータの誤差範囲であったが，**予測区間**は未来のデータが散らばると予想される範囲である。たとえば

> 過去 5 年間に鳥のふんが 3 回頭に命中した。ポアソン分布を仮定するとして，次の 1 年には何回くらい頭に命中するか区間推定せよ

という問題の答は信頼区間でなく予測区間である。

ベイズの立場でこれを定義するのは簡単で，データ Y を与えたときの未来のデータ Z の分布 $p(z|y)$ は，事後分布 $p(x|y)$ とパラメータ X を与えたときにデータ Z が発生する分布 $p(z|x)$ から

$$p(z|y) = \sum_x p(z|x)p(x|y)$$

と求められる(図 2)。これを**予測分布**という。ここで，$p(z|x)$ は，最尤法で出てくる $p(y|x)$ と同じ形の式で y の代わりに z としたものであり，通常はパラメータ X は実数なので，和は積分になる。予測分布 $p(z|y)$ のもとで，将来のデータ Z を(たとえば)95% の確率で含む区間を，Z の**ベイズ予測区間**と定義すればよい。

普通の統計学で予測区間をどう定義するか，というのは結構な難題であって，扱っていないテキストが多いと思う。$X{\to}Y, X{\to}Z$ という方向のサンプル生成だ

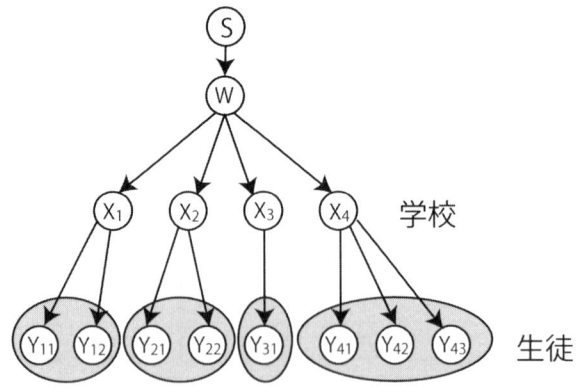

図3―この図は $p(\{y_{ij}\}, \{x_i\}, w) = \prod_{ij} p(y_{ij}|x_i)p(x_i|w)p(w; s)$ という確率密度関数の分解に対応していると考えることができる(ここで i が「学校」に対応する添字で，j は個々のデータの添字，$\prod_{ij}$ はすべての i, j に関する積)．こうした図(グループをあらわす灰色の楕円の部分は除く)をグラフィカルモデリングでは**有向非巡回グラフ(DAG)** と呼ぶ．

けを考えて，パラメータ X の事後分布に相当する概念がないため，Y と Z を結びつけるのが構造的に難しいのである．簡単な場合に限ればうまい考え方があるが，それなりに巧妙な話になる．

階層モデル——本命

ここまでの話で「仮定が多いけれどわかりやすい」ということは説明したのだが「どういう点が積極的によい」のかは，まだこれではわからない．

実際のところ，筋道の簡単さを生かして，より複雑な統計モデリングをしないと，ベイズ推論の利点，さらにそれを計算できる MCMC のよさは出てこない．そこで中心となるアイデアは，パラメータ X の値が確率分布 $p(x)$ から生成され，次にデータ Y の値が $p(y|x)$ から生成され，という2段階の生成過程を，さらに多段階化して考えることである．これを**階層ベイズモデル**と呼ぶ．

たとえば「**学校が複数あり，それぞれの学校に生徒が複数いる**」状態で，各生徒の学力をテストした結果のデータがあるとする．学校を全部ばらばらに考えると，学校ごとのデータ数が足りなくて，結果が不安定になるかもしれない．だからといって，全部を混ぜてしまうと，学校間の差，個性を無視したことになってしまう．

こういう場合には
- データ $Y=\{Y_{ij}\}$。Y_{ij} は学校 i の生徒 j の成績。
- $X=\{X_i\}$。X_i は学校 i の平均。
- $W=(W_1, W_2)$。W_1 が全体の平均,W_2 が学校間の分散。
- S は W の事前分布を決めるパラメータの組。

として $S \rightarrow W \rightarrow X \rightarrow Y$ のような仮想的な生成過程を考えるとよい。

　すなわち,全体の平均 W_1 に W_2 で決まる強さの雑音が乗ったものが,個々の学校の平均 X_i になる。そして,ベイズの作法にしたがって,W_1 や W_2 も,ある分布から確率的に生成されていると考えるわけである。一番上の S は適当に与えるとする。この生成過程を矢印であらわすと,図3のようになる。

　ここでは,学校間の差をあらわすために階層化したわけだが,個々の学校ごとに人間が事前分布を設定する場合に比べると「適当に与える」部分をできるだけ減らすことで,事前分布の推論結果に対する影響を減らすことを狙っているとみることもできる。MCMCを全面的に活用するベイズ推論では,図3のようなモデルに含まれる多数のパラメータの事後分布をMCMCで一挙に推定することになる。そこで,WinBUGS, JAGS や Stan, PyMC のようなツールの威力が発揮される。

　階層ベイズモデルの考え方は時系列や空間データのモデル化にも使うことができ,前者では状態空間モデルや隠れマルコフモデル,後者ではマルコフ場モデルや CAR モデルと深い関係がある。しかし,紙数も尽きたので,この先の展開は,続く解説に委ねよう。

Q and A

Q.「ベイズでは主観確率が重要」と聞きますが,どういう意味でしょう？
ごく簡単に言うと,たとえば「直線の傾き a が事前分布から生成された」という場合,「実際にデータがそういう風に作られている」とは考えにくいし,「そういう操作を何度も何度も繰り返した結果」としてその確率の値が決まるというのも何だか変ですよね。そのあたりを(頻度主義の客観確率に対し

て）主観確率といっているのだと考えたらどうでしょう．

　主観確率という考え方を思想と数理の面で極めたのはベイジアンの人たちの貢献ですが，ベイズの枠組みを実践的に使いこなすのが目的の場合，最初からそこに踏み込むかどうかは微妙だと思います．

Q. 一般的な参考書をいくつかあげてください．
現代的なベイズ統計を基礎から解説した教科書としては「BDA3」こと
　　Bayesian Data Analysis, Gelman 他著 (Chapman & Hall/CRC)
が標準的です．
統計モデリング一般から階層ベイズに及ぶ入門書は
　　データ解析のための統計モデリング入門，久保拓弥著（岩波書店）
MCMC のアルゴリズムについては，我田引水ですが
　　計算統計 II, 伊庭幸人他著（統計科学のフロンティア 12, 岩波書店）
BUGS 言語のコードを多く掲載した本としては，たとえば
　　ベイジアン統計解析の実際，丹後俊郎，Taeko Becque 著（朝倉書店）
があります．

（いば・ゆきと）

2ページでわかるMCMCの秘密　伊庭幸人（統計数理研究所）

　「MCMC」って，この特集の主役のひとつらしいのに，それ自体の説明があんまりないのはおかしい！ とご不満の方もいると思います。そこで超特急コースで解説しましょう。

そもそもMCMCって何？

　「もてて困るもてて困る」じゃなくて「マルコフ連鎖モンテカルロ法」(Markov Chain Monte Carlo method)の略です。多変量の確率分布からサンプルを抽出する（乱数を生成する）ためのアルゴリズムのひとつ。

MCMCを勉強すると，私の問題が解けるかな？

　MCMCは単なる計算法なので，MCMCで解けるように問題を整理して書くという作業（統計モデリング）のほうがまずは大事です。算数の文章題で，加減乗除の計算そのものより「何を計算するか」が肝心なのと同じです。そういう理由で，この特集はMCMC自体より「それを使うことを前提とした統計モデリングとその実装」を重視した作りになっています。アルゴリズム自体の説明は成書に譲ることになりました。

普通のあてはめとは違う？

　「普通のあてはめ」というのは，最小2乗法で曲線をあてはめたり，最尤法で確率分布のパラメータを推定する，というような意味でしょうか。そういうときに必要な計算手法は「行列の分解」や「最適化」です。それは目的が「ひとつの決まった曲線や数字」（点推定値）を直接求めることだからです。それに対して，ベイズ統計では「答」はまず「事後分布」という「分布」の形で与えられます。そこで，分布からのサンプルを生成するMCMCとの相性が抜群なわけです。点推定値や誤差，予測区間など，最終的に必要な情報はMCMCで生成した多数のサンプルから求めます。

MCMC と最適化の違いは？

MCMC はずーっと動き続けてサンプルを生成しますが，最適化はどこか（うまくいくときは本当の最適解，うまくいかないときは局所解）で止まります。実際には，MCMC も最適化に近い動きをすることもありますが，その場合も最適解のまわりでいつまでも「ごにょごにょ…」と動いて，ベイズの意味での誤差を表現します。MCMC の「収束」というのは，分布の収束なので，ある1点に行ってそこで止まるという意味ではないのです。

MCMC＝ベイズ統計じゃないんですか？

よく誤解されますが，MCMC は確率分布を扱う汎用の手法で，統計物理や頻度論的な統計学でも使われています。逆に，ベイズ統計では，ラプラス近似，カルマンフィルタ，逐次モンテカルロ法，変分ベイズ法などいろいろな計算法が使われていて，MCMC はその中のひとつです。

大雑把にいうとなにをやっているの？

数値的に一様乱数を生成して，それを使った単純な操作の繰り返しで，状態（確率変数の値）をランダムにちょっとずつ変えていきます。そのやり方で「ギブス・サンプラー」「メトロポリス法」「ハミルトニアン・モンテカルロ法」などの種類があるわけです。そういう確率的操作の繰り返しをうまく設計して，狙った分布（ベイズ統計なら事後分布）からのサンプリングを実現しています。

MCMC を使う上での注意は？

「乱数を使った単純な操作の繰り返しで確率密度の大きいところを探しながら，サンプル生成をする」という手法なので，実際の例でうまく動くかどうかは結果オーライの面があります。「数字を大小の順に並べかえる」といったアルゴリズムでは，ソースコードをみれば動き方が完全にわかりますが，それとはだいぶん様子が違います。実行結果をみて挙動がおかしい場合は，モデルやデータ，やろうとしていることにどこか無理があることが多いので，それらを振り返ってMCMC の挙動との関係をチェックすることが必要になります。

[特集]ベイズ推論と MCMC のフリーソフト

階層ベイズ最初の一歩
JAGS を使って

久保拓弥(北海道大学)

　データ解析や統計モデルを解説する書籍のタイトルをみると，ここ数年「ベイズ」という言葉が入ったものがずいぶんと増えたような印象があります。そのベイズとやらの「何がありがたいのか？」という問題については，著者によってずいぶんと見解が異なっているようです。この解説では「階層事前分布と呼ばれるしくみを使った統計モデル——『階層ベイズモデル』を作れるところがありがたい」という**観点だけから**ベイズ統計モデルの良さを解説してみます[1]。実際にありそうな架空データを解析する具体的な例題を準備し，それを解決する試行錯誤の中で，階層ベイズモデルの良さをお伝えすることができれば，ともくろんでいます。

　複雑なデータをあつかう統計モデルは，推定すべきパラメーター数が増えてしまいますが，階層ベイズモデルでは「似たようなパラメーター」たちに共通の制約を与えるところが特徴です。このおかげで，たとえばデータの個数よりパラメーターの個数が多い場合であっても，統計モデルをうまくそのデータにあてはめることができます。

　さらに，この解説では階層ベイズモデル作りだけでなく，データにもとづいてモデルのパラメーターを推定する方法についても，ごく簡単にではありますが，紹介します。たくさんのパラメーターを内包する統計モデルをあつかう場合には，マルコフ連鎖モンテカルロ(MCMC)法を使うのがひとつの定石です。この解説では汎用の統計ソフトウェアである R，そして JAGS という MCMC 法のためのソフトウェアの使いかたも例示します[2]。

表1—この記事の例題のデータ(架空)

調査地(県)	給食タイプ	標本サイズ 1回目	標本サイズ 2回目	身長の平均(cm) 1回目	身長の平均(cm) 2回目	身長の標準偏差 1回目	身長の標準偏差 2回目
A	乙	55	51	151.36	157.27	2.94	2.98
B	乙	53	49	151.56	156.83	3.07	3.14
C	甲	55	53	152.22	157.08	3.20	3.21
D	乙	53	52	153.09	156.00	2.65	2.64
E	乙	58	55	153.22	157.24	3.07	3.03
F	甲	55	53	153.31	157.22	3.10	3.13
G	甲	58	53	152.98	157.81	2.49	2.45
H	甲	59	57	153.27	158.95	3.08	3.06
I	乙	56	51	152.67	156.82	2.82	2.92
J	甲	56	50	155.37	161.71	3.10	3.21

1 例題——給食タイプによって身長が変わる？

　階層ベイズモデルについて勉強するために，**架空**のデータを解析する例題にとりくんでみましょう．そのために，表1に架空の(以下，「架空」というただし書きは省略します)12歳の男子小学生たち(のべ1082人)の身長を測定し，1年後に2回目の測定をしたデータを準備しました．

　この表1のみかたを説明します．データは日本国内の{A, B, C, ..., J}の10県で得られたもので，調査の目的は県ごとに異なる「給食タイプ(2種類)」が身長ののびに影響をあたえるかどうかを明らかにする，ということにしましょう．

　まず，ある年に10調査県で50人ぐらいの小学生男子の身長を測定します．第1回目の身長測定のあと，ランダムに選ばれた5県—この例題では{A, B, D, E, I}県では，ふつうの給食(**甲タイプ**)とは異なる**乙タイプ**の給食を食べることになったとします．そして1年後に同じ小学生たちの身長を再測します．知りたいことは，乙タイプの給食が身長ののびにあたえる効果です．乙タイプを食べることで身長が高くなったり低くなったりするのか，変化するとしたら正負どれぐらいの大きさなのか，これらをデータにもとづいて推定してください，という設問です．

　あらかじめ「正解」を書いておきますが，乙タイプ給食の効果はゼロと設定してデータを生成しました．つまり身長増減と給食タイプは**無関係**です．これがわ

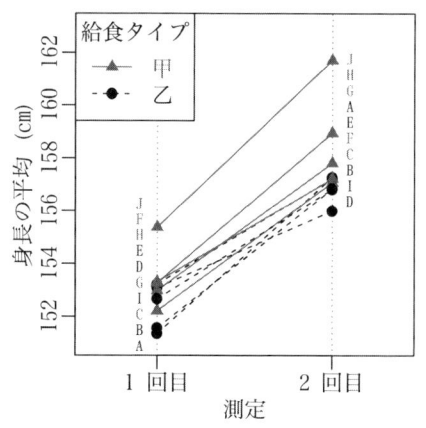

図1―例題のデータ。10県の身長の変化をあらわしている。グレイのデータ点は甲タイプ，黒は乙タイプの給食をあらわす。アルファベットは県名，各観測年ごとに身長の高い順に並べている。

れわれデータ解析者が事前には知らない「真実」です。また，このデータを生成するときには，平均身長・一年間の平均身長の増加それぞれに「県の差」があるように設定してデータを生成しました。図1を見ると，そのような「県の差」がありそうなことがわかります。

この解説のストーリーの流れでは，最初に「県の差」などを無視した統計モデルを作ってしまったので，「乙タイプのせいで身長がのびなくなった」という**まちがった結果**が得られてしまって，さあどうすればよいのでしょう，という展開になります。

さらにこのデータでは，給食変更1年後に実施した2回目の再測定が不完全で，どの県でも1回目の測定より人数が減少しています。個人データが秘匿されているので，誰が欠測になったのかも不明です。表1の右側の4列が測定された身長の平均と標準偏差，第1回目と第2回目の測定値です。図1の各点は50-60人程度の小学生たちの平均身長であり，これら20個の点を**データ点**とよぶことにします。

2 モデル1――「直線あてはめ」を使ってかたづけてしまおう

図1のようにデータを示すと，「これは直線あてはめで解析できるのではないかな？」と考える人がいるかもしれません。甲・乙それぞれの群ごとにあてはめた直線の「かたむき」のちがいを調べればよいのではないか――といった発想

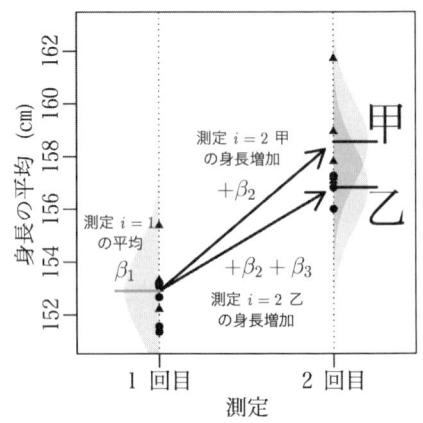

図2―モデル1の図示。これは第1回目と第2回目の平均は対応なし、そして係数 β_* たちは全県で同一である、と仮定をしている統計モデル。つまり、等分散の正規分布が三つあって、それらから合計20個のデータ点が独立に発生していると仮定している。

です。図1に示されているデータに適用可能な、直線あてはめの統計モデルとは、どのようなものでしょうか？　たとえば、このように書いてみましょう。

$$Y_{i,j} \sim N(\mu_{i,j}, \sigma^2)$$

ここで $Y_{i,j}$ は測定 i 回目における県 j の平均値であり、図1に丸・三角の点で示されています。第 i 回目の測定をあらわす添字 i は $\{1,2\}$、調査を実施した県をあらわす添字 j は $\{A, B, C, \ldots, J\}$ という値をとります。上の数式 $Y_{i,j} \sim N(\mu_{i,j}, \sigma^2)$ は、統計量 $Y_{i,j}$ は平均・標準偏差がそれぞれ $\mu_{i,j}$ と σ の正規分布にしたがう、という意味です。

測定 i 回目における県 j での身長の平均 $\mu_{i,j}$ は、以下のようになっていることにしましょう。

（測定1の甲・乙）　$\mu_{1,j} = \beta_1$　（β_1 は1回目の測定の平均）
（測定2の甲）　$\mu_{2,j} = \beta_1 + \beta_2$　（β_2 は身長の変化量）
（測定2の乙）　$\mu_{2,j} = \beta_1 + \beta_2 + \beta_3$　（β_3 は乙タイプ給食の効果量）

上の $\mu_{i,j}$ をまとめて書くために、2個の**説明変数** A_i と X_j を使います。A_i は第 i 回目の測定で $(A_1, A_2) = (0, 1)$ とします。県 j ごとに異なる給食タイプは $X_j \in \{0, 1\}$ であらわし、甲タイプの県では0で乙タイプでは1の値をとることにします。すると平均 $\mu_{i,j}$ の式は以下のように書けます。

$$\mu_{i,j} = \beta_1 + (\beta_2 + \beta_3 X_j) A_i$$

また上の式の右辺は $\beta_1 + \beta_2 A_i + \beta_3 X_j A_i$ と展開できますが、この各項にくっつい

ている $(\beta_1, \beta_2, \beta_3)$ を係数(coeffcient)といいます．上の式のように，係数で定数・変数$(1, A_i, X_j A_i)$に重みをつけて足しあわせた量が正規分布の平均$\mu_{i,j}$に等しいとする統計モデルは線形モデルとよばれます．ここではこの線形モデルを**モデル1**とよぶことにします．

モデル1の概念を図示すると図2のようになります．平均値$\mu_{i,j}$を中心にして，同じ標準偏差をもつ三つの正規分布によって表現される統計モデルです．

あとで説明するように，このモデル1にはいろいろと問題があるのですが，ここではあえて，これを統計モデリングの試行錯誤の起点にして話をすすめます．

3 モデル1をデータにあてはめる──推定

モデル1は一般化線形モデル(generalized linear model, GLM)の一種なので，Rのglm()関数を使って，モデル1をこの例題のデータにあてはめてみましょう．

岩波データサイエンスのサポートページから例題のデータを格納した，dという名前のdata.frame(Rのデータ構造)をダウンロードしてみましょう．これは表1のデータを並びかえたものです．

```
> d
  pref N mean.Y  sd.Y Age X
1    A 55 151.36 2.9389  0 1
2    B 53 151.56 3.0687  0 1
3    C 55 152.22 3.2027  0 0
4    D 53 153.09 2.6550  0 1
5    E 58 153.22 3.0717  0 1
6    F 55 153.31 3.1020  0 0
7    G 58 152.98 2.4938  0 0
(以下略)
```

dの列名と表1の列名の対応は以下のようになっています：pref─調査地(県)，N─標本サイズ，mean.Y─身長の平均，sd.Y─身長の標準偏差，Age─測定1・2回目はそれぞれ0と1，X─給食タイプで甲・乙それぞれ0と1です．

このデータとRを使ってモデル1のパラメーターを推定するためには，以下のように入力します．

```
> summary(glm(mean.Y ~ 1 + Age + Age:X, data = d))
```

このように書くと，モデル1の線形予測子 $\beta_1+\beta_2 A_i+\beta_3 A_i X_j$ を指定していることになります。上で使っている glm() 関数は，データに対するこの統計モデルのあてはまりの良さ(尤度)を最大化するような $\{\beta_1, \beta_2, \beta_3\}$ の値のくみあわせを見つけだしてくれます。

```
Coefficients:
            Estimate Std. Error t value Pr(>|t|)
(Intercept)  152.905      0.398  384.24   < 2e-16
Age            5.647      0.689    8.19  2.6e-07
Age:X         -1.720      0.796   -2.16    0.045
```

推定値(Estimate)は $(\beta_1, \beta_2, \beta_3) = (152.9, 5.65, -1.72)$ といった値になりました。乙タイプ給食の効果 β_3 はマイナス，つまり甲タイプだと1年間の身長増加の平均が 5.65 cm であるのに対して，乙タイプだと 5.65 − 1.72 = 3.93 cm になります。

上のようなあてはめの結果が出力されたときに，「かたむきの差がゼロでないのは偶然ではない」かどうかが気になる，つまり「かたむきの差の検定」の結果を知りたい——という読者もいるかもしれません。上の出力からその結果を読みとってみましょう。係数 β_3 の推定値を標準誤差(Std. Error)で割った値が t 統計量(t value)となり，これを使って p 値(Pr(>|t|))を評価すると 0.045 となりました。有意水準は 5% と事前に決めておいたとすると，$p=0.045$ という値が得られたのであれば「乙タイプ給食が身長ののびに与える影響がゼロである」という帰無仮説を棄却できます。つまり，乙タイプ給食の効果は「有意」であり，乙タイプを食べると身長ののびが悪くなるという結果になってしまいました。

4 モデル1の問題点——対応があるのに対応なしとしている

先にも説明しましたが，この例題データ(表1)を生成したときには，身長増減に対する乙タイプ給食の効果 β_3 は**ゼロ**と設定していました。したがって，「給食タイプに効果がない」という帰無仮説は「棄却できない」はずです。

ここでは有意水準(第一種の過誤の確率)を 5% と設定したので，モデル1の p の値が 0.05 より小さくなったのは，5% の確率で偶然に発生する「不運な誤棄却」だったのでしょうか？

じつは，この解析例に関していえば，運・不運の問題ではなく統計モデルの不備が原因なのです。これを確認してみましょう。表 1 のデータを作った乱数生成モデル（いわば，真の統計モデル）を使って新しいデータを作り，そのひとつひとつにモデル 1 を glm() であてはめ，係数 β_3 についての第一種の過誤の確率 p を評価します。これを 10^5 回くりかえしてみました。

　このとき，正しい検定であれば，$p<0.05$ となる回数は $10^5 \times 0.05 = 5000$ 回となるのですが，シミュレイションの結果では 10000 回以上 $p<0.05$ となりました。これは「データを生成する統計モデル」と「あてはめに使う統計モデル」が一致していないためです。モデル 1 はこのあとに説明する不備があるので，係数 β_3 の標準誤差が過小推定され——つまり「有意」になりやすい統計モデルになっています。

　このようなゆがみはモデル 1 における「あまりにも単純化した仮定」が原因です。モデル 1 では 20 個のデータ点たちは相互に「対応なし」と仮定されていて，図 2 に示されている異なる三つの平均値をもつ正規分布（標準偏差は同じ）から 20 個のデータ点が独立に生成されたとしています。

　表 1 に示している 20 個のデータ点は，対応 (dependence) のあるサンプリングです。すなわち，同じ県（同じ県内の同じ小学生の集団）から 2 回測定しています。10 県で二度の測定をしているので，10 組の身長増加のデータがあり，この身長増加が給食タイプに影響されているのかを調べなければなりません。

5　不備なモデル 1 をあえてベイズモデルにする

　ここまで使用していたモデル 1 には不備があることがわかりました。そのような不備を解消するために，この解説ではタイトルにもあるように階層ベイズモデルを作ります。しかしながら，いきなり階層ベイズモデルを説明するのは難しいので，まずは（階層ではない）ベイズモデルについて説明します。「不備がある」と断定されてしまったモデル 1 をベイズモデルに改造してみます。モデル 1 はたいへん簡単なモデルなので，「ベイズモデルとは何か？」という説明も簡単になるからです。

　このあとの説明の順番ですが，まずモデル 1 をベイズモデル化します。次に，これを表 1 のデータにあてはめる手順を説明します。ここでは R だけでなく

JAGS というソフトウェアも使います。

　まずはベイズモデル化です。モデル 1 はすでに説明したように，
$$Y_{i,j} \sim N(\mu_{i,j}, \sigma^2)$$
$$\mu_{i,j} = \beta_1 + (\beta_2 + \beta_3 X_j)A_i$$
このように単純なモデルです。これをベイズモデルにするために必要なことは，推定しなければならないパラメーターたち——$\{\beta_1, \beta_2, \beta_3, \sigma\}$——に対する事前分布の指定です。それだけで終了です。これを**ベイズモデル 1** とします。

　ベイズ統計モデルで使う**事前分布**とは何なのでしょうか？　パラメーターごとに(とりあえず)推定したい範囲を確率分布として指定したものである，ということにしておきましょう。どのような事前分布を指定するべきなのかは，データの解析者が決めなければなりません。ここでは，ベイズモデル 1 の線形予測子の係数 $\beta_k (k \in \{1, 2, 3\})$ の事前分布はいずれも -10000 から $+10000$ までの一様分布である，と指定してみます。これを $\beta_k \sim U(-10^4, 10^4)$ と書くことにします。係数 β_k は上記の範囲であれば，どの実数も同じ確からしさで β_k の値として採用しうると仮定しています。このように「まあ，どんな値でもいいよ」と指定する事前分布は**無情報事前分布**とよばれます[3]。

　つぎに，データのばらつきをあらわす σ の事前分布を検討します。これについても「σ は，どんな値でもいいよ」と指定してしまいたいので，その事前分布も「無情報」な一様分布としてみます。ただし線形予測子の係数 β_k とは異なり，標準偏差 σ はゼロより大きい値です。そこで，事前分布は $\sigma \sim U(0, 10^4)$ と指定します。

　この統計モデルを確率をあらわす $p(\cdots)$ という記法を使って記述してみましょう。正確には，$p(\cdots)$ は確率ではなく確率密度ですが，この記事では確率と略記します。また，いろいろな確率密度関数の種類を区別せずに，いずれも $p(\cdots)$ と表記することにします。

- 係数 $\{\beta_k\}$ と標準偏差 σ がある値をとるとき，身長平均が $Y_{i,j}$ となる確率は正規分布 $N(\mu_{i,j}, \sigma^2)$ から求めることができる：$p(\{Y_{i,j}\}|\{\beta_k\}, \sigma)$
- 線形予測子の係数 β_k は無情報事前分布にしたがう：$p(\beta_k)$
- 標準偏差 σ は無情報事前分布にしたがう：$p(\sigma)$

ベイズの公式を使って，ベイズモデル 1 の確率の積と事後分布 $p(\{\beta_k\}, \sigma|\{Y_{i,j}\})$

```
 1  model
 2  {
 3    for (i in 1:N) {
 4      mean.Y[i] ~ dnorm(mu[i], tau)
 5      mu[i] <- beta[1] +
 6        (beta[2] + beta[3] * X[i]) * Age[i]
 7    }
 8    for (k in 1:N.beta) {
 9      beta[k] ~ dunif(-1.0E+4, 1.0E+4)
10    }
11    tau <- 1 / (sd * sd)
12    sd ~ dunif(0, 1.0E+4)
13  }
```

コードリスト1—ベイズモデル1のBUGSコード

の関係を書くと，

$$p(\{\beta_k\}, \sigma | \{Y_{i,j}\}) \propto p(\{Y_{i,j}\} | \{\beta_k\}, \sigma) p(\beta_1) p(\beta_2) p(\beta_3) p(\sigma)$$

このようになります（$\propto$ は「比例している」を示す）。事後分布 $p(\{\beta_k\}, \sigma | \{Y_{i,j}\})$ はデータ $\{Y_{i,j}\}$ が与えられたときに，上の関係を満たすような $\{\beta_k\}$ と σ の確率分布のことです。

次に，このベイズモデル1をデータにあてはめるために，JAGSというソフトウェアを使います。まず，ベイズモデル1をBUGSコードで記述します。BUGSは統計モデルの記法のひとつで，JAGSなど「ベイズ統計モデルをデータにあてはめるソフトウェア」にモデルの構造を指定するために使用します。ベイズモデル1はコードリスト1のように書けます。

このBUGSコードに書かれた統計モデルの構造を図示すると図3のようになります[4]。この図と，コードリスト1のBUGSコードを対応づけて見てください。

なおBUGSコーディングでは，「平均これこれで分散 σ^2 の正規分布」と指定するのではなく，「分散の逆数」つまり $1/\sigma^2$ である τ（上のコード中では tau）という名前のパラメーターを使います。上のBUGSコード中でも，そのように σ を τ に変換しています。

上のBUGSコードをJAGSに渡すことで，ベイズモデル1の構造を指定できます。これは別のテキストファイルに書いても良いのですが，手間をはぶくためにRのコードの中に書いています。

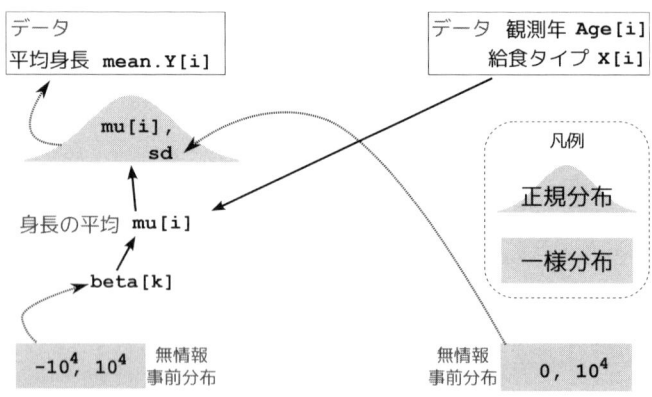

図3―ベイズモデル1の構造を図示。

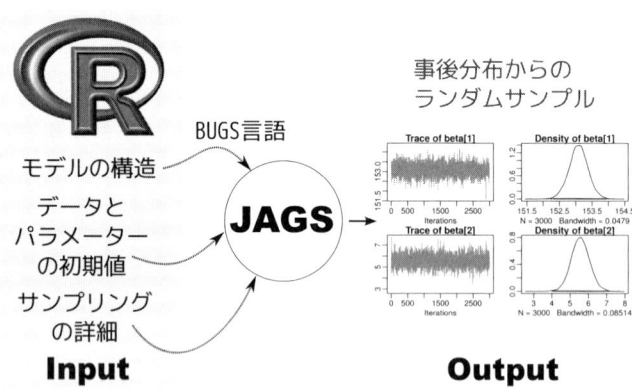

図4―RからJAGSにデータ・指示を出して，パラメーターの事後分布を推定させる流れ。Rのrjags packageの機能を使っている。

しかしながら，図4に示しているように，事後分布の推定に使うソフトウェアJAGSが必要とする情報はモデルの構造だけではありません。他にも身長などのデータを渡さなければなりません。これらの操作はRのrjags packageの機能を使って実施します。下のコードリスト2はそのためのRコードで，BUGSで書かれた統計モデルをJAGSに渡す準備をしています。

このコードリストには続きがあります(コードリスト3)。身長・給食タイプ・測定回といったデータ，そして推定したいパラメーターの初期値など，「事後分布からのサンプル」(後述)についての詳細も指定しなければなりません。

```
1  library(rjags) # R と JAGS をつなげる package
2  library(R2WinBUGS) # write.model() 使うため
3  model.bugs <- function()
4  {
5    # コードリスト 1 の BUGS コード
6  }
7  file.model <- "model.bug.txt"
8  write.model(model.bugs, file.model)
```

コードリスト2─モデル 1 を JAGS であてはめるための R コード（前半）

```
1  load("data.RData") # データ d の読みこみ
2  N.beta <- 3 # beta[1], beta[2], beta[3]
3  list.data <- list( # データ
4    mean.Y = d$mean.Y,
5    X = d$X, Age = d$Age,
6    N = nrow(d), N.beta = N.beta
7  )
8  # パラメーターの初期値
9  list.inits <- list(beta = rep(0, N.beta), sd = 1)
10
11 # 事後分布からのサンプリングの詳細
12 n.burnin <- 1000
13 n.chain <- 3
14 n.thin <- 10
15 n.iter <- n.thin * 3000
16
17 model <- jags.model(
18   file = file.model, data = list.data,
19   inits = list.inits, n.chain = n.chain
20 )
21 update(model, n.burnin) # burn in
22
23 # 推定結果を post.mcmc.list に格納する
24 post.mcmc.list <- coda.samples(
25   model = model,
26   variable.names = c("mu", names(list.inits)),
27   n.iter = n.iter,
28   thin = n.thin
29 )
```

コードリスト3─モデル 1 を JAGS であてはめるための R コード（後半）

上のコードを R 上で実行すると，JAGS は「事後分布からのサンプル」を出力し，R はそれを受け取って post.mcmc.list という名前のオブジェクトに格納します[5]。

6 JAGS は何をするのか――MCMC による事後分布からのサンプリング

ベイズモデルのあてはめによって得られる事後分布とは，データをうまく説明できるような統計モデルのパラメーターの確率分布です。しかし，「その事後分布はどのような確率分布なのか？」という問いに対して答えを提示するのは，かなり難しい問題になりがちです。

そこで，この問題を簡単に解決するために，JAGS などのソフトウェアでは，乱数を利用した確率論的なアルゴリズムであるマルコフ連鎖モンテカルロ (Markov Chain Monte Carlo, MCMC)法を使って，「事後分布からランダムサンプリングした数値のセット」を取得しています。このサンプリングされた値の集まりを調べると，「このベイズモデルの事後分布はどのようなものか」という問いに答えることができます。

さきに説明したとおり，JAGS による MCMC サンプリングの結果は post.mcmc.list に格納されています。その結果の一部を図 5 に示しています。

まず，左上の "Trace of beta[1]" というのは，3000 個×3 反復の「β_1 の値として選択された数値」が順番にサンプリングされている様子を示しています。

ここで JAGS がアウトプットしてくるのは，このような「ある確率分布から発生させた 3000×3 個の乱数たち」なのですが，これを利用することで「事後分布のカタチ」などを知ることができます。たとえば図 5 右上の "Density of beta[1]" はサンプリングされた乱数たちを材料にしてカーネル密度推定をして係数 β_1 の確率密度関数を予測しています。これを見ると β_1 の事後分布 $p(\beta_1|\{Y_{i,j}\})$ がどのようなカタチなのか想像しやすくなります。

また各 β_k それぞれのランダムサンプルの結果から，下に示しているように，事後分布の区間推定もできます。たとえば，乙タイプ給食の効果 β_3 の事後確率の 95% をしめる区間――これを 95% ベイズ信頼区間と定義します――は －2.411 から －0.065 であり，効果ゼロを含まないものであることがわかります。

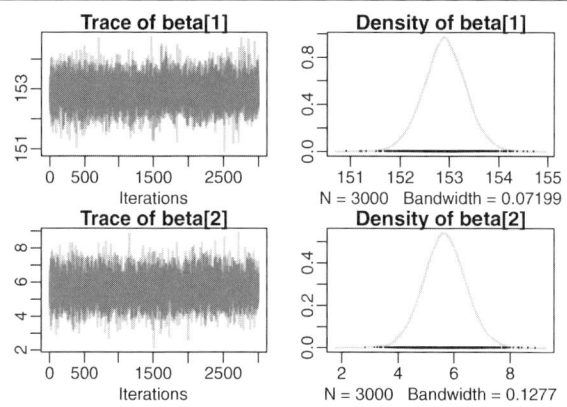

図 5―JAGS の出力を図示．係数 β_1 と β_2 の事後分布。

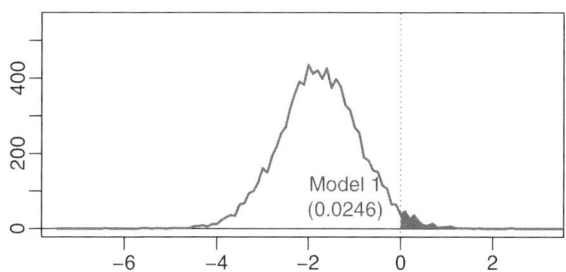

図 6―モデル 1 の β_3（乙タイプ給食の効果）の事後分布。カッコ内の数字は $\beta_3>0$ となる確率。

ベイズ信頼区間は非ベイズの信頼区間とは異なるものですが，誤差やばらつきの大きさをあらわす量として解釈でき，さらに「β_3 が -2.411 から -0.065 である確率は 0.95」といったことを述べても**まったく問題ありません**。結果が解釈しやすくなる，たいへん便利な特徴です。

　乙タイプ給食が身長増加に与える効果を図 6 に表示してみました。ここでもベイズ統計学的には「$\beta_3>0$ となる確率は 2.46% である」といった結果の解釈をしても問題ありません。

　「不備あり」とわかっているモデル 1 をベイズモデル 1 に改造してみましたが，ここでも「乙タイプ給食は身長増加を小さくする」という**正しくない結果**を再現することが確認できました。だめな統計モデルはベイズモデルになってもだめなままです。さて，このあとは，モデル 1 の難点を検討し，より良いベイズ統計

モデルを作ってみましょう。

7 ベイズモデル2(階層ベイズモデル)──より良い統計モデルをめざして

モデル1(あるいはベイズモデル1)の問題点は,すでに説明したように「対応のあるデータ」を「対応なし」と仮定──つまり図2に示しているように,対応のない20個のデータ点$\{Y_{i,j}\}$があるので,これらに対して2本の直線をあてはめればよい──と仮定していることです。

このような単純化が良くないのであるなら,考えかたを少し変えてみましょう。たとえば,身長ののびと給食タイプの関係さえわかればよいならば,「いっそのこと2回目と1回目の身長差である$\{Y_{2,j}-Y_{1,j}\}$を統計モデルの応答変数にすればいいんじゃないの?」といったことを思いつくかもしれません。

しかし,いまの設定では,このような単純化にも無理があります。なぜかというと,表1を見ればわかるように,2回目の測定では欠測した(2回目だけ測定値がない)小学生男子が少なからずいて,しかも個人情報が開示されていないので,「誰の身長が測定できなかったのか」がわかりません。平均値$Y_{1,j}$と$Y_{2,j}$では標本サイズが同じではないのに,「$Y_{2,j}-Y_{1,j}$が県jの平均身長の増加量である」とみなすのは,ちょっと無理があります。

そこで,ここでは表1に掲載されている標準偏差と標本サイズを利用して,20個の平均値$\{Y_{i,j}\}$の推定値の「不確かさ」をあらわしてみましょう。平均値の推定値の「不確かさ」を標準誤差といいますが,その標本統計量は(標準偏差)/$\sqrt{標本サイズ}$と近似できるので,測定回i,県jごとの標準誤差の$S_{i,j}$とします。そして,小学生たちの身長の平均値$Y_{i,j}$は,

$$Y_{i,j} \sim N(\mu_{i,j}, S_{i,j}^2)$$

このように指定できるとしましょう。この部分は,$S_{i,j}$というパラメーターに事前分布を設定していないので,ちょっとベイズモデルっぽくない部分なのですが,はなしを簡単にするために今回はこの方式にしましょう。

さて,「図1のデータはどのような統計モデルで生成されたか」といったことを考えながら,平均$\mu_{i,j}$を決める線形予測子の構成を考えてみると,たとえば,このように書いてみましょう:

(測定 1)　　　$\mu_{1,j} = \beta_1 + r_{1,j}$

(測定 2 甲)　$\mu_{2,j} = \beta_1 + r_{1,j} + \beta_2 + r_{2,j}$

(測定 2 乙)　$\mu_{2,j} = \beta_1 + r_{1,j} + \beta_2 + r_{2,j} + \beta_3$

ベイズモデル1とのちがいは $r_{1,j}$ と $r_{2,j}$ が入っていることで，それぞれ「1回目の測定における県ごとの身長差」と「2回目の測定にあらわれる県ごとに異なる身長増加の差」をあらわしています．このおかげで，図1に示しているような「1回目の測定で平均身長の観測値 $Y_{1,j}$ が高かった県 j では，次の測定でも高い平均身長 $Y_{2,j}$ が観測されるだろう」という $Y_{1,j}$ と $Y_{2,j}$ の対応関係を明示したモデルになっています．上の三つの式を線形予測子としてひとつにまとめると，

$$\mu_{i,j} = \beta_1 + r_{1,j} + (\beta_2 + \beta_3 X_j + r_{2,j}) A_i$$

このように書けます．

この線形予測子に含まれるパラメーターの事前分布はどう設定しましょうか．係数 $\{\beta_k\}$ については，ベイズモデル1と同じように無情報事前分布 $U(-10^4, 10^4)$ などで問題ないでしょう．新しく追加したパラメーター $\{r_{i,j}\}$ 事前分布として，

$$r_{i,j} \sim N(0, \sigma_i^2)$$

を設定します．つまり「県ごとの差」$\{r_{i,j}\}$ は平均ゼロ・標準偏差 σ_i の正規分布にしたがうことにします．

標準偏差 σ_i の事前分布は，ベイズモデル1と同じように無情報事前分布 $U(0, 10^4)$ とします．この標準偏差は「多数の似たようなパラメーターである $r_{i,j}$ たちのとりうる値を制約するもの」なのですが，その σ_i の事後分布はデータにもとづいて自動的に決まります．つまり，このパラメーターは機械学習などで使われるチューニングパラメーターとは異なり，統計モデルのあてはめによって推定されるものです．

上のモデルに，もうひとつ $r_{3,j}$ を追加して，「乙タイプ給食である5県の身長増加の県差」も入れることは可能ですが，ここは簡単のために省略しましょう．このように決めた統計モデルをここでは**ベイズモデル2**とよぶことにします．

このベイズモデル2の構造を図示すると図7のようになります[6]．このような構造をもつベイズ統計モデルは**階層ベイズモデル**とよばれます．この階層とは，図で示しているように $r_{i,j}$ の事前分布 $N(0, \sigma_i^2)$ のパラメーター σ_i にさらに事前

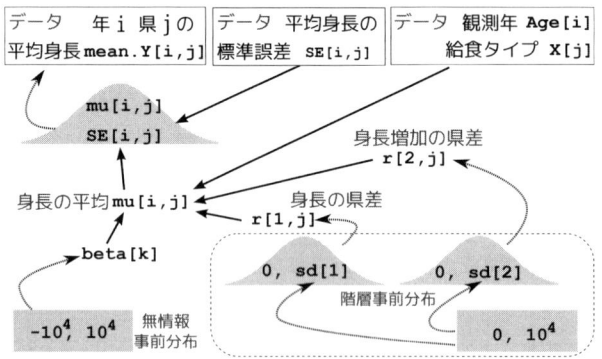

図 7―ベイズモデル 2 の構造を図示.

```
1  model
2  {
3    for (i in 1:2) { # age
4      for (j in 1:N.pref) {
5        mean.Y[i, j] ~ dnorm(mu[i, j], Tau.se[i, j])
6        mu[i, j] <- beta[1] + r[1, j] + (
7          beta[2] + beta[3] * X[i, j] + r[2, j]
8        ) * Age[i, j]
9      }
10   }
11   for (k in 1:N.beta) {
12     beta[k] ~ dunif(-1.0E+4, 1.0E+4)
13   }
14   for (i in 1:N.r) {
15     for (j in 1:N.pref) {
16       r[i, j] ~ dnorm(0, tau[i])
17     }
18     tau[i] <- 1 / (sd[i] * sd[i])
19     sd[i] ~ dunif(0, 1.0E+4)
20   }
21 }
```

コードリスト 4―ベイズモデル 2 の BUGS コード

分布が設定されている――つまり事前分布を二段がまえにするモデル設計のことです.

この階層ベイズモデルを BUGS コードで記述したものがコードリスト 4 です.

ベイズモデル 1 のときと同様に,上の BUGS コードとデータを JAGS に与えて,

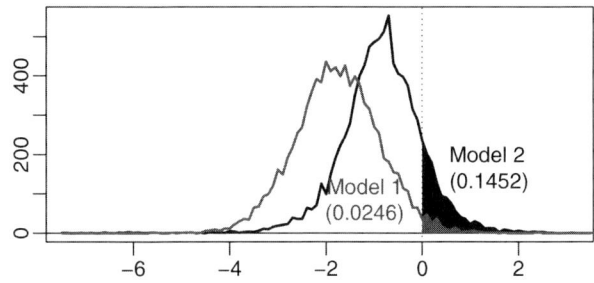

図 8―乙タイプ給食の効果 β_3 の事後分布。図 6 の事後分布も表示。ベイズモデル 1 と 2 のそれぞれで，β_3 の事後分布がゼロより大きくなる確率は 0.0246 と 0.1452 という結果が得られた。

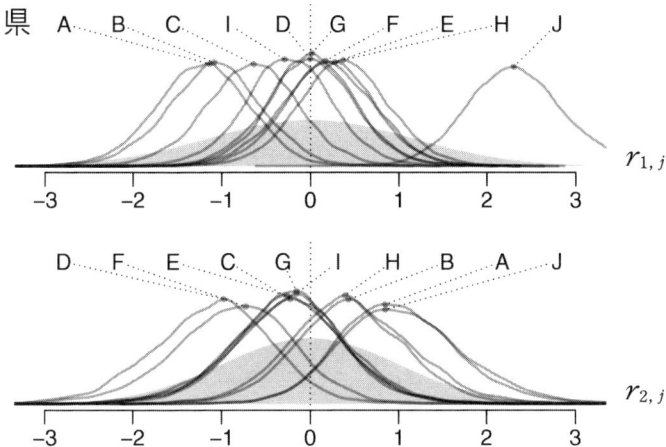

図 9―県 j の身長・身長増加のグループ差 $r_{1,j}$ と $r_{2,j}$ の事後分布。グレイで塗りつぶした確率密度関数は，σ_i の事後分布の中央値を標準偏差としたときの $r_{i,j}$ の事前分布。

事後分布からのランダムサンプリングを実施してみましょう。JAGS の出力の概要はこのようになりました。

　乙タイプの給食の効果 β_3 の事後分布を図 8 に示してみました。パラメーター β_3 の事後分布は，その 95% ベイズ信頼区間の中にゼロが入っているので「β_3 はゼロからそんなに離れてるとは言えないね」と解釈してよいでしょう。この β_3 の真の値はゼロと設定しているので，不備なところのあるベイズモデル 1 をあてはめた場合に比べて，より妥当な結果が得られました。このモデルの場合ですと「県ごとの差」も同時に推定されています。図 9 では「身長の県差」$r_{1,j}$ と

階層ベイズ最初の一歩　35

「身長増加の県差」$r_{2,j}$ の事後分布を示しています。

8 階層ベイズモデルの利点

ベイズモデル1から2の変更点は，階層事前分布の導入です．このことによって「県ごとの差」をあらわすたくさんのパラメーターを使えるようになりました．

統計モデルは，「全データのかなり多くの部分」を説明する大域パラメーターと，「全データのうちごく一部だけ」を説明する局所パラメーターから構成されています．大域パラメーターの数は少なく，局所パラメーターはたくさんあります．ベイズモデル2でいうと，大域パラメーターは $\{\beta_1, \beta_2, \beta_3\}$ といった係数や $\{\sigma_1, \sigma_2\}$ といった標準偏差たちで，合計5個あります．標準誤差 $S_{i,j}$ は統計モデルを使って推定されたものではなく，あたかも「既知の定数」であるかのように与えられたパラメーターなので，ここでは勘定から除外しています．いっぽうで，局所パラメーターは $r_{1,j}$ や $r_{2,j}$ といった「県 j のためだけ」に準備されたパラメーターで，合計20個あります．

ベイズモデル2で推定されたパラメーター数はじつに合計25個で，これは図1に示されているデータ点20個よりも大きなものです．ふつうの「直線あてはめ」の統計モデルなどでは，一般にデータ点の個数より多数のパラメーターは推定できません．しかし，階層ベイズモデルではそれが可能になっているのです．

その理由は，階層事前分布による「しばり」をいれたことです．そのおかげで，身長の県差 $r_{1,j}$ あるいは身長ののびの県差 $r_{2,j}$，それぞれ10個の局所パラメーターたちは「自由に値を選べない」状態となります．つまり，10個の $r_{1,j}$ があるように見えますが，これらは「自由に値を選べる」状態にはないので，実質的なパラメーター数は10より小さくなっています．

それでは，もし局所パラメーターたちそれぞれが，「自由に値を選べる」ような統計モデルを作ると，どのような結果が得られるのでしょうか？ ためしに，ベイズモデル2の階層事前分布 $N(0, \sigma_i^2)$ を無情報事前分布 $U(-10^4, 10^4)$ に置き換えてみましょう．すると，図10のような結果が得られます．

図10では JAGS の事後分布からのサンプリングが「収束しない」，つまり時間をかけてサンプリングをしても定常状態にならない，といった結果になりました．

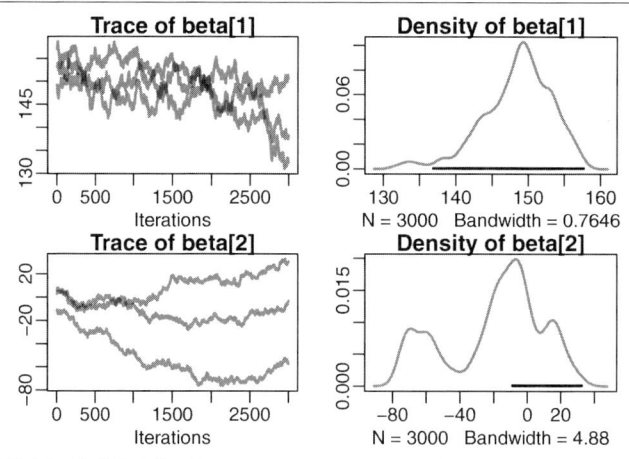

図 10―階層事前分布を無情報事前分布にすると収束しない。図示内容については，図 5 の説明を参照。

図 10 では β_1 と β_2 しか示していませんが，他の 23 個のパラメーターたちについても同じように「収束しない」結果となっています。

20 個のデータ点を使って 25 個の「自由に値を選べる」(階層事前分布などでしばられていない)パラメーターを推定しようとすると，必ずこのような結果になります。たとえば，線形予測子の中に $\beta_1 + r_{1,j}$ といった部分が含まれていますが，β_1 も $r_{1,j}$ も「値を自由に選べる」という点では等価なパラメーターなので，統計モデルの中では両者が識別できなくなっています。

統計モデル作りでは，おそらく多くの場合，このような大域・局所パラメーターといった区別が重要であり，それにあわせて適切な事前分布を指定することが，設計のかなめになるのではないでしょうか。

9 おわりに

この記事では，ごく簡単な例題をあつかいながら階層ベイズモデル作りと，JAGS を使って事後分布を推定する方法の概要を紹介しました。

このデータ解析に最初に登場したモデル 1 は一般化線形モデル (GLM) の一種です。GLM では正規分布以外の確率分布も使用できるのですが，どのような確率分布であっても線形予測子を使って平均値を決めます[7]。つまり，この記事でモデル 1 から 2 に発展させたときと同じ手順で，GLM は容易に階層ベイズモデ

ル化できます．階層ベイズモデル化によって，適用できる範囲が格段にひろがり，統計モデルとしての表現力もおおいに向上します．

これまで，このようなパラメーター数の多い統計モデルの推定にはWinBUGSがよく使われていました．しかしながら，WinBUGSはすでに10年以上前に開発が終了しました．この記事で紹介したJAGSは保守がいまも継続されているだけでなく，多くの計算環境で使うことができ，しかもソースコードをユーザー自身が確認できるといった利点の多いソフトウェアです[8]．階層ベイズモデルを使ったデータ解析の第一歩として，このJAGSとRを使った統計モデリングに取りくんでみてはいかがでしょうか？

1——ベイズ統計モデルの基本については本巻の伊庭の解説「ベイズ超速習コース」を参照してください．
2——この記事であつかう例題のデータや統計ソフトウェアRのコードなどは岩波データサイエンスのウェブサイトにあるサポートページからダウンロードできます．本文では省略したRの使いかたの説明や，参考文献の紹介なども含まれています．
3——一様分布 $U(-10^4, 10^4)$ は値の範囲が限られているので，厳密には無情報ではありません．
4——この図はBUGSコードを正確に反映したものではありません．本文で後述しているようにBUGSコードでは正規分布のばらつきパラメーターは分散の逆数を指定します．しかしここでは，わかりやすさのため標準偏差sdを図示しています．
5——結果を格納しているpost.mcmc.listはmcmc.listというデータ構造になっています．このままでは使いやすくない場合もあるので，別のデータ構造，たとえばbugsなどに変換して作図・作表を簡単にしました．くわしくは岩波データサイエンスのサポートページにおいてあるコードなどを参照してください．
6——ここでも図3と同様に，正規分布のばらつきパラメーターの部分に関しては，図中での表記を簡単化しています．
7——正確には線形予測子だけでなくリンク関数も使います．
8——このようなことのできる他のソフトウェア，たとえばStanについては本巻の松浦の解説「Stan入門――次世代のベイジアルモデリングツール」を参照してください．またMCMCについては伊庭の解説「2ページでわかるMCMCの秘密」を参照してください．

(くぼ・たくや)

[特集]ベイズ推論とMCMCのフリーソフト

時系列・空間データのモデリング

伊東宏樹(森林総合研究所)

　通常の統計解析では，データが独立にサンプリングされたことを前提としています。したがって，データが独立ではなく，データ内になんらかの構造がある場合には，それに対応した統計解析をおこなわなくてはなりません。たとえば，いくつかのグループからデータがとられていて，グループ間でデータの値に差があるような場合には，グループをランダム効果とした混合モデルが使われます。同様に，データ内に時間的な構造がある場合や，空間的な構造がある場合には，それを考慮した統計的手法が必要になります。ここではそうした手法を使って，MCMCでベイズ推定をおこなう方法を紹介します。

1　状態空間モデル

(1)　時系列データと状態空間モデル

　気温の変化や株価の変化など，時間的に変化するデータ，つまり時系列データをあつかう場面もよくあることでしょう。時系列データでは，ある時点の測定値とその前後の測定値との間に相関(自己相関)があることが珍しくありません。つまり，時間的に独立ではないわけです。このようなデータを独立のものとして扱って統計解析をおこなうと誤った結論を導いてしまうおそれがあります。このため，時系列データを扱うさまざまな統計的手法が開発され，実際に利用されています(北川, 2005)。状態空間モデルも時系列データを扱うことのできる手法のひとつです(北川, 2005; Commandeur and Koopman, 2007; Petris et al., 2009)。

　状態空間モデルの特徴は，時系列に沿って変化する「状態」から「観測値」が

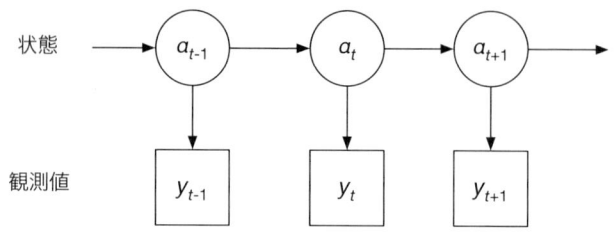

図1—状態空間モデルの概念図。a が「状態」、y が「観測値」。

得られると考えるところです(図1)。「状態」は実際には観測されません。観測されるのは「観測値」のみです。状態の変化を説明するモデルをシステムモデル、状態から観測値が得られる過程を説明するモデルを観測モデルと呼びます。前者はプロセスモデルなどとも、後者はデータモデルなどとも呼ばれます。また、システムモデルを式で表現したものは状態方程式、観測モデルを式にしたものは測定方程式と呼ばれます。

(2) ローカルレベルモデル

ここで、簡単な例を見てみます。図2は、京都市内で採取されたある1本のスギの木の年輪幅の推移をプロットしたものです。この年輪幅のデータの「状態」を推定してみます。

基本的な考え方は図1のとおりです。時点 t の観測値を y_t とし、同じく時点 t の状態の値を a_t とします。状態 a_t から観測値 y_t を得る時には、観測ノイズ ϵ_t が加わり、ϵ_t は標準偏差 σ_ϵ の正規分布にしたがうとします。また、状態の値は時間に対してランダムウォークする、すなわち状態 a_t は、1つ前の状態 a_{t-1} からシステムノイズ η_t だけ動くとします。そして、η_t は標準偏差 σ_η の正規分布にしたがうとします。以上をまとめると、以下のような式になります。

$$y_t = a_t + \epsilon_t, \quad \epsilon_t \sim \text{Normal}(0, \sigma_\epsilon^2) \quad (1)$$

$$a_t = a_{t-1} + \eta_t, \quad \eta_t \sim \text{Normal}(0, \sigma_\eta^2) \quad (2)$$

ここで Normal (μ, σ^2) は平均 μ、分散 σ^2 の正規分布をあらわします。式(1)が観測モデル、式(2)がシステムモデルです。このようなモデルは、ランダムウォーク・プラス・ノイズモデル、あるいはローカルレベルモデルと呼ばれます。

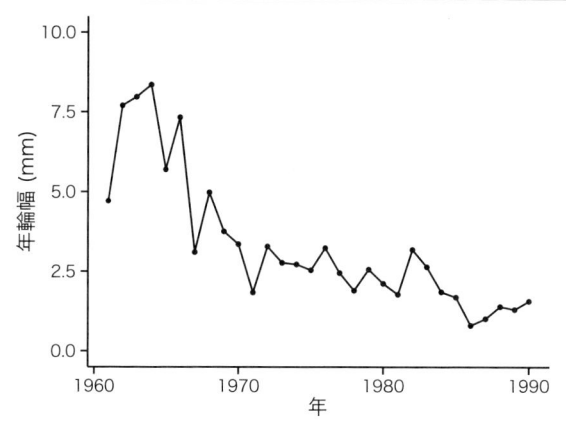

図2―京都市で採取されたあるスギの年輪幅の推移。

　状態とノイズの標準偏差の推定をおこなうため，上のモデルを BUGS 言語によって記述し，MCMC によりベイズ推定することとします。(なお，R では dlm や KFAS など，状態空間モデルを扱うパッケージがいくつかあり，dlm では MCMC によるベイズ推定も可能ですがここでは触れません。Stan による状態空間モデルの記述は後の記事(松浦，2015)を参照してください。)とくに技巧は必要なく，素直に記述することができます。α_1 の事前分布は $[0, 10]$ の一様分布，σ_ϵ と σ_η の事前分布は $[0, 100]$ の一様分布としました。

```
 1  var
 2  N,
 3    alpha[N],   # 状態
 4    y[N],       # 観測値
 5    sigma[2],
 6    tau[2];
 7  model {
 8    ## 観測モデル
 9    for (i in 1:N) {
10      y[i] ~ dnorm(alpha[i], tau[1]);
11    }
12    ## システムモデル
```

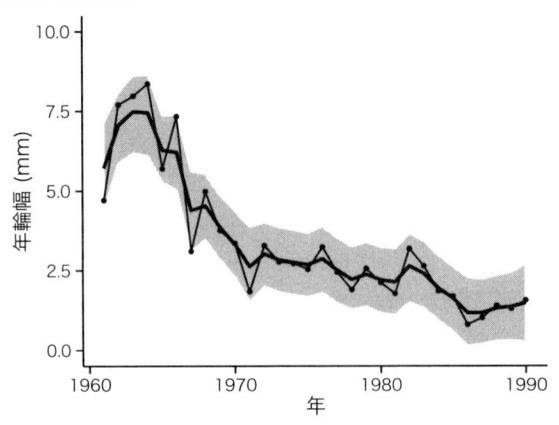

図3―京都市で採取されたスギの年輪幅の「状態」をローカルレベルモデルで推定した例．太線が事後平均，灰色の範囲は95%信用区間．

```
13   for (i in 2:N) {
14     alpha[i] ~ dnorm(alpha[i - 1], tau[2]);
15   }
16   ## 事前分布
17   alpha[1] ~ dunif(0, 10);
18   for (i in 1:2) {
19     sigma[i] ~ dunif(0, 100);
20     tau[i] <- 1 / (sigma[i] * sigma[i]);
21   }
22   }
```

このモデルでは，sigma[1]が式(1)のσ_ϵに，sigma[2]が式(2)のσ_ηにそれぞれ対応します．

BUGS言語の処理系にはWinBUGSやOpenBUGSがありますが，ここではJAGS 3.4.0で計算をおこないました．結果を図3にしめします．図中の太線が，推定された状態です．また，観測ノイズσ_ϵの事後平均は0.75，95%信用区間は0.15〜1.21と，システムノイズσ_ηの事後平均は0.87，95%信用区間は0.44〜1.50と推定されました．

(3) トレンドモデル

ローカルレベルモデルでは，状態の値が少しずつ変化する(ランダムウォークする)と仮定しました．では次に，状態の変化量(傾き)が少しずつ変化すると仮定してみます．するとシステムモデルは以下のようになります．

$$\alpha_t - \alpha_{t-1} = \alpha_{t-1} - \alpha_{t-2} + \eta_t$$
$$\alpha_t = 2\alpha_{t-1} - \alpha_{t-2} + \eta_t, \quad \eta_t \sim \text{Normal}(0, \sigma_\eta^2) \qquad (3)$$

このようなモデルは 2 次 (2 階) のトレンドモデルと呼ばれます．観測モデルは前のローカルレベルモデルと同じとします．

$$y_t = \alpha_t + \epsilon_t, \quad \epsilon_t \sim \text{Normal}(0, \sigma_\epsilon^2) \qquad (4)$$

以上のモデルを BUGS 言語で記述してみます．観測モデル(式(4))もシステムモデル(式(3))もやはり素直にほぼそのまま記述できます．

```
var
  N,
  alpha[N],   # 状態
  y[N],       # 観測値
  mu[N],
  sigma[2],
  tau[2];
model {
  ## 観測モデル
  for (i in 1:N) {
    y[i] ~ dnorm(alpha[i], tau[1]);
  }
  ## システムモデル
  for (i in 3:N) {
    alpha[i] ~ dnorm(mu[i], tau[2]);
    mu[i] <- 2 * alpha[i - 1] - alpha[i - 2];
  }
  ## 事前分布
  alpha[1] ~ dunif(0, 10);
  alpha[2] ~ dunif(0, 10);
  for (i in 1:2) {
    sigma[i] ~ dunif(0, 100);
```

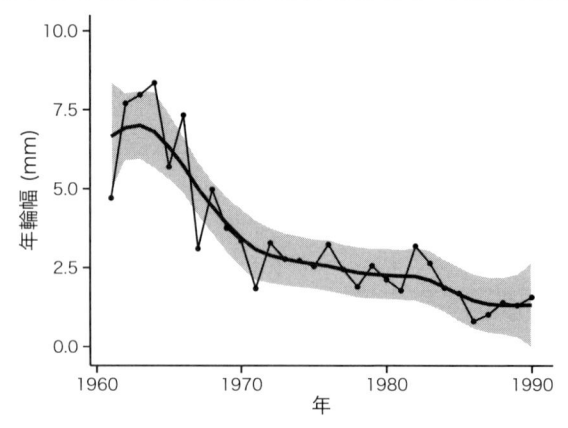

図4―京都市で採取されたスギの年輪幅の「状態」を2次のトレンドモデルで推定した例。太線が事後平均，灰色の範囲は95％信用区間。

```
23        tau[i] <- 1 / (sigma[i] * sigma[i]);
24    }
25 }
```

muという変数を導入していますが，これはWinBUGSやOpenBUGSでは分布(ここではdnorm)中に式を記述できないためです。JAGSではそれが可能ですので，15行目のmu[i]の部分を2 * alpha[i - 1] - alpha[i - 2]で置き換えて，muを使わずに記述することもできます。

図4は，2次のトレンドモデルにより推定された「状態」を観測値に重ねてプロットしたものです。ローカルレベルモデルよりも曲線が滑らかになっていることがわかります。

(4) 式による表現

ここまで出てきたような，ノイズが正規分布し，変数間の関係が線形の状態空間モデルは動的線形モデル(Dynamic Linear Model: DLM)と呼ばれます(Petris et al., 2009)。動的線形モデルは一般には以下のような数式で表現することができます(これには何種類かの別の記法もあります)。

$$y_t = F_t\theta_t + v_t, \quad v_t \sim \text{Normal}(0, V_t)$$
$$\theta_t = G_t\theta_{t-1} + w_t, \quad w_t \sim \text{Normal}(0, W_t)$$

観測値 y_t，状態 θ_t，観測ノイズ v_t，システムノイズ w_t は一般にはベクトルで，F_t, G_t はそれぞれ適切な次元の行列，V_t, W_t は分散共分散行列となります。

先のローカルレベルモデルは，上の式で $\theta_t = \alpha_t$, $F_t = 1$, $G_t = 1$, $v_t = \epsilon_t$, $V_t = \sigma_\epsilon^2$, $w_t = \eta_t$, $W_t = \sigma_\eta^2$ の場合に相当します。また，先の 2 次のトレンドモデルは同様に，

$$\theta_t = \begin{pmatrix} \alpha_t \\ \alpha_{t-1} \end{pmatrix}, \quad F_t = (1 \ \ 0), \quad G_t = \begin{pmatrix} 2 & -1 \\ 1 & 0 \end{pmatrix}, \quad v_t = \epsilon_t, \quad V_t = \sigma_\epsilon^2,$$
$$w_t = \begin{pmatrix} \eta_t \\ 0 \end{pmatrix}, \quad W_t = \begin{pmatrix} \sigma_\eta^2 & 0 \\ 0 & 0 \end{pmatrix},$$

に相当します。

ちなみに Stan では，`gaussian_dlm_obs` という分布で動的線形モデルを扱うことができるようになっています。

(5) 非正規分布への拡張

ここで年輪のデータについてもう一度よく考えてみます。まず，年輪幅の測定値は負の値になることはないはずです。また，測定値が大きな値をとっているところでは変動も大きくなっているように見えます(図2)。これまで観測ノイズには正規分布をあてはめていましたが，これらのことを考えると，むしろ対数正規分布をあてはめた方が良いかもしれません。

そこで，2 次のトレンドモデルの観測モデル(式(4))を以下のように修正します。

$$y_t \sim \text{LogNormal}(\alpha_t, \sigma_\epsilon^2)$$

ここで LogNormal は対数正規分布をあらわします。パラメーターは以下のような関係にあります。

$$\text{LogNormal}(y, \alpha, \sigma^2) = \frac{1}{\sqrt{2\pi\sigma^2}y} \exp\left(\frac{(\log y - \alpha)^2}{2\sigma^2}\right) \quad (y > 0)$$

BUGS のモデルも 11 行目を同様に修正します。

```
y[i] ~ dlnorm(alpha[i], tau[1]);
```

MCMC の計算は収束が遅くなりますが，図5のような推定値が得られました。

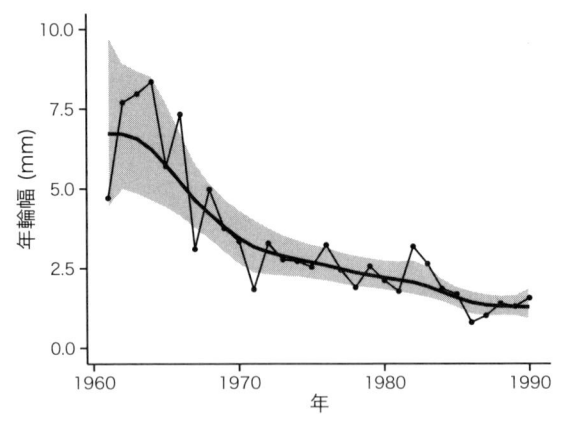

図 5―観測ノイズを対数正規分布とした 2 次トレンドモデルによる例。太線が事後平均，灰色の範囲は 95% 信用区間。

なお，このモデルでは，α_t の値は y_t の対数に対応しますので，$\exp(\alpha_t)$ の値をプロットしてあります。Y 軸の値(年輪幅)が小さいところほど，信用区間の幅が小さくなっているのがわかります。

(6) 観測値が二項分布のモデル

ここまでの例では，観測値は，正規分布(あるいは対数正規分布)にしたがう観測ノイズが状態の値に加わったというものでした。しかし実際のデータはそのような場合だけとは限りません。たとえば，ある林にいる鳥の数を経時的にカウントするような場合を考えてみましょう。観測値はカウント数ですので，離散値になります。また，鳥は物陰に隠れていたりするので，すべての数を正確にカウントすることは困難です。したがって，観測値は真の値よりも小さいほうに偏ることになります。

こうしたデータを状態空間モデルで扱うことを考えます。ここでは模擬データを生成して，それを解析してみることにしましょう。問題を単純にするため，鳥の個体を発見できる確率は p で一定とし，同じ個体を二重にカウントすることもないものとします。また，1 回の観測につき，5 回繰り返しカウントをおこない，こうした観測を 50 回繰り返すとします。この林にいる鳥の個体数(真の個

体数)は実際には観測できませんが，t回目の観測時の真の個体数N_tはλ_tを期待値とするポアソン分布にしたがうとします．そして，t回目の観測におけるi回目のカウントでの発見個体数をN_{ti}^{obs}とすると，観測モデルは以下のようになります．

$$N_{ti}^{\text{obs}} \sim \text{Binomial}\,(N_t, p)$$
$$N_t \sim \text{Poisson}\,(\lambda_t)$$

ここでBinomial(N, p)は試行回数N，生起確率pの二項分布，Poisson(λ)は期待値λのポアソン分布です．

一方，λ_tは対数スケールで，分散σ^2の正規分布にしたがってランダムウォークするとします．すると，システムモデルは以下のようになります．

$$\log \lambda_t \sim \text{Normal}\,(\log \lambda_{t-1}, \sigma^2)$$

Rでは，以下のコードで上のモデルの模擬データを生成できます．発見確率pは0.6としています．

```
1  set.seed(31415) # 擬似乱数の系列を指定
2
3  nt <- 50         # 観測回数
4  nr <- 5          # 1回の観測時にカウントを繰り返す回数
5  p <- 0.6         # 発見確率
6
7  ## 真の個体数の期待値(の対数)
8  log.lambda <- numeric(nt)
9  log.lambda[1] <- log(30)         # 初期値
10 for (t in 2:nt) {
11   log.lambda[t] <- log.lambda[t - 1] + rnorm(1, 0, 0.1)
12 }
13
14 ## 真の個体数の生成
15 N <- rpois(nt, exp(log.lambda))
16
17 ## 発見個体数の生成
18 Nobs <- sapply(1:nt, function(t) rbinom(nr, N[t], p))
```

生成されるデータは，「真の個体数」が図6の細線，発見個体数が点のようにな

ります。データとして与えられるのはこの点の部分だけです。

さて，このデータから，パラメーターの推定をおこなう BUGS コードは以下のようになります。

```
var
  ## データ
  nt,                    # 観測回数
  nr,                    # 1 回の観測時にカウントを繰り返す回数
  Nobs[nt, nr],          # 発見個体数
  ## パラメーター
  N[nt],                 # 真の個体数
  p,                     # 発見確率
  lambda[nt],            # 真の個体数の期待値
  log.lambda[nt],        # 真の個体数の期待値の対数
  sigma,                 # システムノイズの標準偏差
  tau;
model {
  ## 観測モデル
  for (t in 1:nt) {
    lambda[t] <- exp(log.lambda[t]);
    N[t] ~ dpois(lambda[t]);
    for (i in 1:nr) {
      Nobs[t, i] ~ dbinom(p, N[t]);
    }
  }
  ## システムモデル
  for (t in 2:nt) {
    log.lambda[t] ~ dnorm(log.lambda[t - 1], tau);
  }
  ## 事前分布
  p ~ dunif(0, 1);
  log.lambda[1] ~ dnorm(0, 1.0E-4);
  sigma ~ dunif(0, 1.0E+2);
  tau <- 1 / (sigma * sigma);
}
```

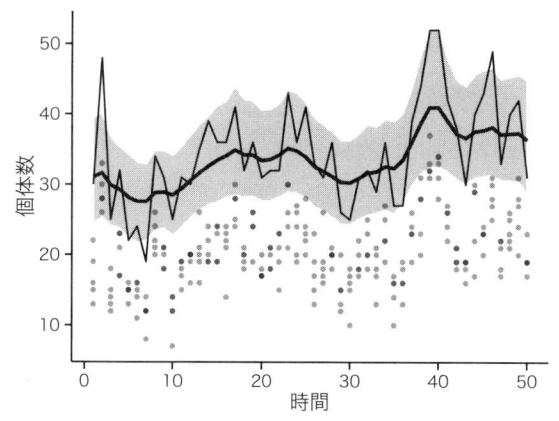

図6―発見率を考慮したモデルの例。細線は，観測されない「真の個体数」の推移。点は発見個体数。1回の観測あたり5回のカウントをおこなっている。太線は，推定された「真の個体数」の期待値の事後平均，灰色の範囲は95%信用区間。

p の事前分布は $[0, 1]$ の一様分布，$\log(\lambda_1)$ の事前分布は Normal $(0, 10^4)$，σ の事前分布は $[0, 100]$ の一様分布としています。

JAGSにより推定された，「真の個体数」の期待値 (λ_t) の事後分布を図6にしめします。発見率 p は事後平均が0.57，95%信用区間が0.45〜0.65と推定されました。

(7) 実際の応用例

この例ではカウントデータの観測値に二項分布をあてはめましたが，ポアソン分布をあてはめるのが適切な場合も多いでしょう。生態学の分野で状態空間モデルを実際に使用した最近の例のなかでも，山梨県内のシカの個体数を推定したIijima et al.(2013)や，千葉県房総半島のキョン(シカ科の外来動物)の個体数を推定した浅田ほか(2014)では，動物の目撃数や痕跡の数といったカウントデータの観測モデルにポアソン分布を使用しています。浅田ほか(2014)の論文はオープンアクセスで，RとWinBUGSのコードも掲載されていますので，興味のある方は一読されるとよいでしょう。

2　空間自己回帰モデル

(1)　空間的に自己相関のあるデータ

　ここまで，時間的に独立ではないデータを扱ってきました。同様に空間的に独立ではないデータというのもあるはずですし，実際たくさんあります。時間的に自己相関のあるデータでは，ある時点のデータの値がその前後のデータの値とは独立ではなかったように，空間的に自己相関のあるデータも，ある場所のデータの値が，その近隣のデータの値とは独立ではない，つまり自己相関があると考えます。ここからはそのようなデータを扱う方法を紹介します。

(2)　Intrinsic CAR モデル

　Intrinsic CAR（Conditional Auto-Regressive; 条件付き自己回帰）モデルは空間自己相関を扱うモデルのひとつで，場所ごとのランダム効果が近隣のデータに依存して決まると考えます。すなわち，場所 $i=1,2,...,n$ のランダム効果を $S=(S_1, S_2, ..., S_n)$ とするとき，S_i は，i 以外の $S(=S_{-i})$ に依存して決まるとして，以下の式で与えられます。

$$S_i | S_{-i} \sim \text{Normal}\left(\sum_{j \neq i} \frac{w_{ij} S_j}{w_{i+}}, \frac{\sigma^2}{w_{i+}}\right) \tag{5}$$

　ここで，w_{ij} は場所 i と j との重みづけ変数です。たとえば，場所 i と j とが隣り合って接しているなら $w_{ij}=1$ とし，そうでなければ $w_{ij}=0$ とする，というように設定します。また，$w_{i+} = \sum_j w_{ij}$ です。つまり，重みづけの合計ですが，上のように w_{ij} を設定したならば，w_{i+} は隣り合って接している場所の数ということになります。すると S_i は，平均が近隣の S の平均に等しく，分散が近隣の場所数に反比例するような正規分布にしたがうということになります。

　なお，Intrinsic CAR について日本語で解説した文献には深澤ほか（2009）や古谷（2011），久保（2012）があります。

(3)　CARBayes

　Intrinsic CAR モデルを扱うことのできる R パッケージはいくつかありますが，ここでは，CARBayes（Lee, 2013）を使う方法を紹介します。CARBayes を使うと，

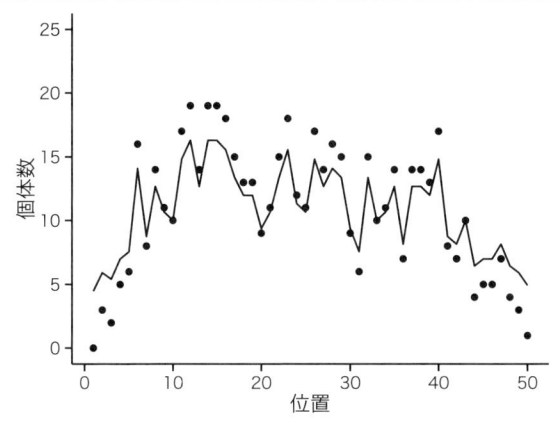

図7―1次元上に並ぶ50個のプロットでの個体数のカウントを想定して作成されたデータ．点は「観測値」．曲線は，空間構造を考慮せずに，調査地の別をランダム効果とした一般化線形混合モデルで予測された期待値．データは久保(2012)による．

Intrinsic CAR モデルほか数種の CAR モデルについて MCMC によるベイズ推定ができます．なお，使用したバージョンは CARBayes 4.0 です．

　説明のための例題として，久保(2012)の11章のデータを使うことにします（このデータは久保さんのウェブサイトからダウンロードできます．http://hosho.ees.hokudai.ac.jp/~kubo/stat/iwanamibook/fig/spatial/Y.RData）．このデータは，1次元上に等間隔で並ぶ50個の調査地で，ある植物の個体数をカウントしたという状況を想定して作成されたものです(図7)．空間構造を考慮せず，調査地の別をランダム効果として，それと切片のみとからなる一般化線形混合モデル(GLMM)により予測された個体数の期待値を重ねて表示してあります．

　このデータを CARBayes で解析します．久保(2012)と同様に，(空間構造を取り入れた)調査地のランダム効果と切片だけによるモデルとします．以下のような R コードになります．

```
1  library(CARBayes)
2
3  ## 隣接行列の作成
4  n <- length(Y)
5  W <- matrix(0, nrow = n, ncol = n)
```

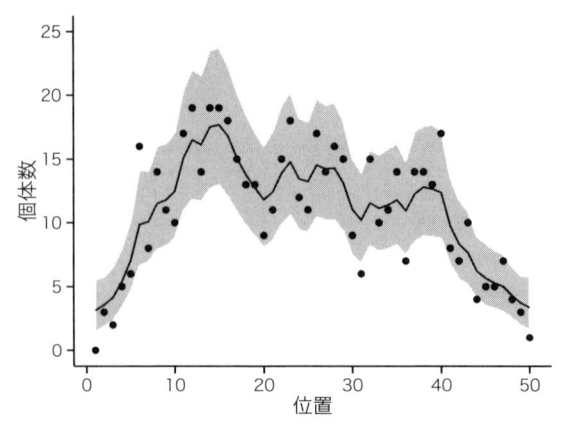

図 8―CARBayes による空間自己相関モデルの解析例。点は「観測値」。曲線は，推定された観測個体数の予測値の事後平均。灰色の領域は 95% 信用区間。

```
 6  for (i in 2:n) {
 7    W[i, i - 1] <- W[i - 1, i] <- 1
 8  }
 9
10  ## あてはめ
11  fit <- S.CARiar(Y ~ 1, family = "poisson", W = W,
12                  burnin = 2000, n.sample = 32000, thin = 10)
```

　ここで，Y は「観測値」のデータです。また，W は隣接関係をあらわす行列で，場所 i と j とが隣接しているならば，W[i, j] = 1，そうでなければ W[i, j] = 0 とします（式(5) の w_{ij} に相当します）。この例の場合では，W[1, 2], W[2, 1], W[2, 3] など，対角成分のひとつ上下のみが 1 となります。S.CARiar が，MCMC により Intrinsic CAR モデルのあてはめをおこなう関数です。Y ~ 1 で切片（と空間構造を取り入れたランダム効果）だけのモデルを指定し，family で誤差構造にポアソン分布を指定しています。S.CARiar では MCMC によりベイズ推定をおこないますので，MCMC の設定も引数として与えます。ここでは，バーンイン期間を 2000 回，サンプリング期間を 30000 回，サンプリング間隔を 10 回としました。あてはめの結果は，print(fit) で表示されます。なお，S.CARiar ではチェーンは 1 本のみですので，複数のチェーンが必要なら複数回実

行します．

切片の MCMC サンプルは fit$samples$beta に，調査地のランダム効果の MCMC サンプルは fit$samples$phi にそれぞれ格納されています．また，予測値の MCMC サンプルは fit$samples$fitted に格納されています．これらを利用して，Intrinsic CAR モデルにより推定された予測値の事後平均と 95% 信用区間を求め，図 8 を描画しました．

図 8 の曲線と図 7 の曲線（空間構造を考慮せずに予測したもの）とを比較すると，図 8 の方が図 7 よりもよりなめらかになっているのがわかります．これは，Intrinsic CAR モデルでは，隣の調査地との空間構造をモデルに取り入れているためです．

（4） WinBUGS/OpenBUGS によるモデリング

WinBUGS および OpenBUGS では，GeoBUGS というモジュールにより CAR モデルが利用可能です（Stan による CAR モデルの実装は本巻の松浦の解説（松浦，2015）をご覧ください）．

GeoBUGS では，以下のように Intrinsic CAR モデルを記述できます．

```
1  S[1:n] ~ car.normal(adj[], weights[], num[], tau)
```

ここで，car.normal は Intrinsic CAR モデルの分布です．adj[] は隣接する場所の番号，weights[] は adj[] に対応する重みづけの値，num[] は隣接する場所の数で，それぞれベクトルとして car.normal に渡します．また，tau は精度（分散の逆数）です．

この例の場合，隣接関係のパラメーターは R 上では以下のようにして作成できます（weights はすべて 1 としています）．

```
1  adj <- c(2, c(sapply(2:49, function(i) c(i - 1, i + 1))), 49)
2  weights <- rep(1, length(adj))
3  num <- c(1, rep(2, 48), 1)
```

BUGS 言語によるモデルは以下のようになります．

```
 1  model {
 2    for (i in 1:N) {
 3      Y[i] ~ dpois(lambda[i]);
 4      log(lambda[i]) <- beta + S[i];
 5    }
 6    S[1:N] ~ car.normal(adj[], weights[], num[], tau);
 7    beta ~ dnorm(0, 1.0E-4);
 8    sigma ~ dunif(0, 1.0E+2);
 9    tau <- 1 / (sigma * sigma);
10  }
```

beta は切片で，事前分布を Normal $(0, 10^4)$ としています．また，sigma は空間ランダム効果の標準偏差 (tau の逆数の平方根) で，事前分布は $[0, 100]$ の一様分布としました．

R2WinBUGS の bugs 関数により MCMC 計算をおこないますが，その前に初期値の設定をしておきます．bugs 関数では，初期値を指定する inits 引数に NULL を指定しておくと初期値が自動的に生成されるのですが，生成された初期値がモデルにあわず，いきなりエラーになることがままあります．適切な初期値を自分で指定しておいたほうが無難でしょう．この例では以下のような初期値を設定しました．

```
 1  inits <- list(list(S = rep(0, 50), beta = 4, sigma = 1),
 2                list(S = rep(0, 50), beta = 2, sigma = 2),
 3                list(S = rep(0, 50), beta = 1, sigma = 4))
```

BUGS でモデルを記述したファイルの名前を CAR_bug.txt，初期値を指定したリストを inits として，以下のように bugs 関数を使用して MCMC 計算をおこないました．

```
 1  fit <- bugs(model.file = "CAR_bug.txt",
 2              data = list(N = length(Y), Y = Y,
 3                          adj = adj, weights = weights, num = num),
 4              inits = inits,
 5              :
```

実行結果は，図 8 とほぼ同じですし，久保(2012)にもありますので省略します．

(5) 状態空間モデルと CAR モデル

実は 1 次元 1 階差分の Intrinsic CAR モデルは，先に紹介した状態空間モデルのローカルレベルモデルと同じ中身を別の形式で表現したものになっています(詳細はこの後の解説(伊庭, 2015)をご覧ください)．実際に計算させてみましょう．

下のコードが，久保(2012)の空間構造データを状態空間モデルで解析する BUGS コードになります(3.3～3.4 節の CAR モデルに対応する状態空間モデルを表現しているはずです)．観測モデルに相当する部分では，観測値 y がポアソン分布にしたがうと指定し，その期待値 lambda の対数が状態 alpha となるとしました．そして，状態 alpha は，標準偏差 sigma の正規分布にしたがってランダムウォークするとモデリングしています．

```
model {
  for (i in 1:N) {
    y[i] ~ dpois(lambda[i]);
    lambda[i] <- exp(alpha[i]);
  }
  for (i in 2:N) {
    alpha[i] ~ dnorm(alpha[i - 1], tau);
  }
  ## 事前分布
  alpha[1] ~ dunif(0, 10);
  sigma ~ dunif(0, 100);
  tau <- 1 / (sigma * sigma);
}
```

結果は図 9 のようになります．図 8 とほとんど同一の予測値が得られました．

(6) 2 次元の CAR モデル

ここまで，1 次元の空間自己相関モデルを扱ってきました．しかし現実のデ

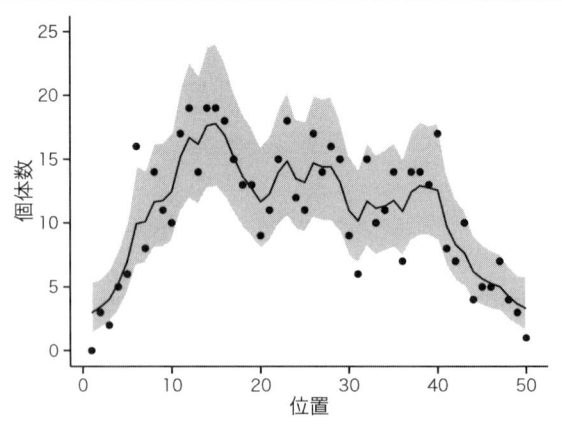

図9―状態空間モデルを利用した空間自己相関モデルの解析例。点は「観測値」。曲線は，推定された観測個体数の予測値の事後平均。灰色の領域は95%信用区間。

ータ解析では2次元の空間データを扱う場合が多いでしょう。ここでは，CARBayesで2次元の空間データを扱ってみます。

例として，京都市内の森林で，アラカシという種類のカシの木の株の数を数えたデータを使用します(図10)。調査では，X方向に100 m，Y方向に50 mの大きさの調査区画を設け，それを5 m×5 mの大きさの小区画に分割しました。つまりX方向には20個，Y方向には10個の小区画があり，全部で200個の小区画があることになります。この小区画ごとにアラカシの株がいくつあるかを数えた結果がデータになっています。

このデータは，以下のような形式でCSVファイルに格納されています。X, Yはそれぞれ，小区画のX座標およびY座標，Nは，その小区画内のアラカシの株の数です。

```
1  X,Y,N
2  1,1,0
3  1,2,0
4  1,3,2
5  1,4,1
6  1,5,0
7  1,6,1
```

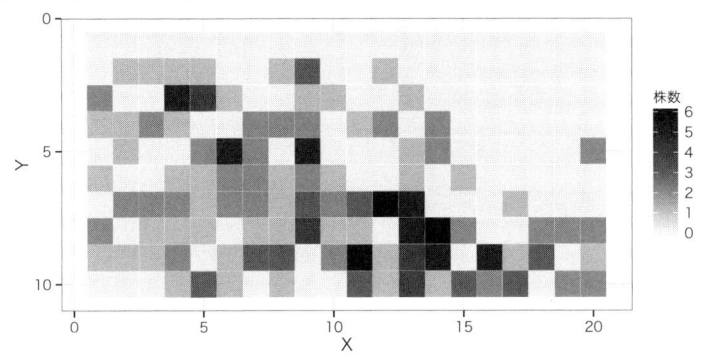

図 10―京都市内の森林で観察されたアラカシの株数の分布。

```
 8  1,7,0
 9  1,8,2
10  :
11  20,9,1
12  20,10,2
```

このCSVファイルを，read.csv関数でdataオブジェクトに読み込ませておきます。

次に，隣接行列Wを用意します。このデータの場合，Wは以下のようなRコードで生成できます。データの並びが$N_{1,1}, N_{1,2}, N_{1,3}, ..., N_{x,y}, ...N_{20,9}, N_{20,10}$という順番になっていますので，Wの要素の順番もそれに対応させるようにします。

```
 1  n.x <- 20
 2  n.y <- 10
 3  n.sites <- n.x * n.y
 4  W <- matrix(0, nrow = n.sites, ncol = n.sites)
 5  for (x in 0:(n.x - 1)) {
 6    for (y in 1:n.y) {
 7      if (x > 0)       W[x * n.y + y, (x - 1) * n.y + y] <- 1
 8      if (x < n.x - 1) W[x * n.y + y, (x + 1) * n.y + y] <- 1
 9      if (y > 1)       W[x * n.y + y, x * n.y + y - 1] <- 1
10      if (y < n.y)     W[x * n.y + y, x * n.y + y + 1] <- 1
11    }
```

時系列・空間データのモデリング　57

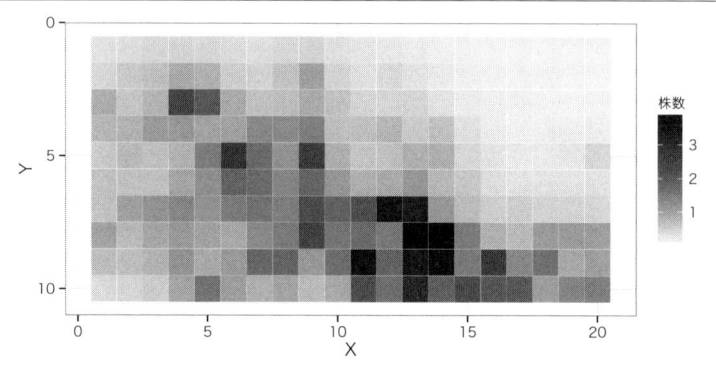

図 11 — CARBayes を使用して推定されたアラカシ株数の予測値(事後平均)の分布。

```
12 | }
```

Intrinsic CAR モデルによるランダム効果と切片のみのモデルをあてはめます。決まった上限のないカウントデータですので、ポアソン分布を仮定しました。隣接行列 W を用意してしまえば、S.CARiar に与える引数は、先の 1 次元の例とまったく同じになります。

```
1  fit.iar <-S.CARiar(N ~ 1, family = "poisson", data = data, W = W,
2  burnin = 2000, n.sample = 32000, thin = 10)
```

このモデルで推定されたアラカシ株数の予測値(事後平均)の分布を図 11 にしめしました。観測値(図 10)とくらべると、隣接する区画の間での値の変化がなめらかになっていることがわかります。このモデルでは、ランダム効果と切片のみであてはめをおこないましたが、たとえば区画ごとの土壌の水分条件といった共変量を含めることももちろん可能です。そうすると、どのような環境条件が樹木の分布に影響を与えているのか、といったことを評価することもできるでしょう。

生態学の分野での実用例としては、先にあげた Iijima et al. (2013) が Intrinsic CAR モデルを使用しています。この論文では、山梨県を格子状に区切って、各格子ごとにシカの個体数を推定しており、そのときの隣接格子間に空間自己相関があるというモデリングをおこなっています。

3 おわりに

この解説では，状態空間モデルにしても空間自己相関のモデリングにしても，紙幅の関係や著者の能力から，ごく一部しか紹介できていません．ここで取り上げられなかったモデリング手法については，参考文献などをご覧ください．

参考文献

浅田正彦・長田穣・深澤圭太・落合啓二(2014)，状態空間モデルを用いた階層ベイズ推定法によるキョン(*Muntiacus reevesi*)の個体数推定．哺乳類科学 **54**, 53-72.

Commandeur, J. F. and Koopman, S. J. (2007), An introduction to state space time series analysis. Oxford University Press(和合肇訳『状態空間時系列分析入門』，シーエーピー出版，2008 年)

深澤圭太・石濱史子・小熊宏之・武田知己・田中信行・竹中明夫(2009)，条件付自己回帰モデルによる空間自己相関を考慮した生物の分布データ解析．日本生態学会誌 **59**, 171-186.

古谷知之(2011)，R による空間データの統計分析，朝倉書店．

伊庭幸人(2015)，時間・空間を含むベイズモデルのいろいろな表現形式．『岩波データサイエンス vol. 1』，岩波書店．

Iijima, H., Nagaike, T. and Honda T. (2013), Estimation of deer population dynamics using a Bayesian state-space model with multiple abundance indices. Journal of Wildlife Management **77**, 1038-1047.

北川源四郎(2005)，時系列解析入門，岩波書店．

久保拓弥(2012)，データ解析のための統計モデリング入門――一般化線形モデル・階層ベイズモデル・MCMC，岩波書店．

Lee, D. (2013), CARBayes: An R Package for Bayesian spatial modeling with conditional autoregressive priors. Journal of Statistical Software **55**(13).

松浦健太郎(2015)，Stan 入門――次世代のベイジアンモデリングツール．『岩波データサイエンス vol. 1』，岩波書店．

Petris, G., Petrone S., and Campagnoli P. (2009), Dynamic linear models with R. Springer(和合肇監訳，萩原淳一郎訳『R によるベイジアン動的線形モデル』，朝倉書店，2013 年)．

(いとう・ひろき)

MCMC ソフトを使う前に
──一般的な準備から統計モデリングまで

松浦 健太郎

ベイジアンモデリングと MCMC の組み合わせがいくら便利だからといって，いきなりデータを MCMC ソフトに突っ込むわけにはいきません。初心者の方のために，その前準備の手順をごく簡単に説明しましょう。

[データを取る前に]

背景知識の収集：該当分野において，よく使われる仮定や解析手法，解釈および納得しやすい図がどのようなものかを押さえておきます。

問題設定：何を知りたいかです。項目を箇条書きにして優先順位をつけるとよいでしょう。あわせて，どのような図を描いて，どのような感じになったら知りたいことが分かったと言えるのかをよく考えておきます。

解析計画：どの手法を使うのか，さらに解析のベストシナリオ（「途中で仮定 A が成り立っていそうなことが分かって，結果 B が見える」など）やマイルストーン（途中でどういう結果が見えたら先に進むのか撤退するのか）を考えます。登山の計画に似ています。

[データを取った後で]

可視化：属性ごとの値の分布を見ます。1 次元の図（histogram），2 次元の図（散布図・box plot），そして散布図行列をたくさん描きます。どの分布がデータにあてはまりそうか，各値にどんな関係がありそうかを見ます。さらに「問題設定」のヒントとなるような図をいくつか考えて描きます。

集計・加工：要約統計量や図では見づらい量を見るには集計や加工で数字を算出することになります。例えば，横軸も縦軸もカテゴリ変数の場合は，散布図よりもクロス集計表になるという具合です。

「可視化」と「集計・加工」をしっかり行うことでデータのクリーニングも効率的に処理できます。個人的なオススメのツール・言語としては，可視化は Spotfire や R，集計・加工は R, SQL, Ruby, Python，クリーニングは OpenRefine です。

［統計モデリング　最初の一歩］

　前述の前準備が十分なされているとして，統計モデリングをはじめるにあたって挫折しないためのアドバイスを書きます。

　よくある失敗は，現実の複雑なデータを前にして，いきなり難しい BUGS・Stan コードを書こうとして手が止まってしまうことです。もしくは書けたとしてもまったく MCMC が収束しないという事態も起きます。このようなことを避けるために，モデルはシンプルなものからはじめるのが鉄則です。例えば，

- 該当分野の教科書でよく使われている簡単なモデルがあればそれを使う
- 説明変数がたくさんある場合には数を絞って使う
- 確率変数はなるべく独立と考え，多変量正規分布などは使わない
- グループ差や個体差といったものは最初は考慮しない

という具合です。確実にうまくいくモデルから徐々に複雑なモデルにしていくことで，仮説の無理な点が見えてきます。

　また，データが多くて計算に時間がかかるような場合には，はじめは間引いて扱うのもよいでしょう。ただし，データを減らして推定することで構造が見えなくなることもあり，常に推奨できるわけではありません。減らし方としては次のようなものが挙げられます。

- ランダムに抽出して 1/10 ぐらいにして扱う
- 店舗×年×品目のようなデータでは 1 店舗もしくは 1 年間に絞って扱う

＊　　＊

　複雑なモデルにしていく過程では，BUGS・Stan コードをいきなり書くのではなく，その前にモデルをかみ砕いて自分が理解しやすいイラストを描くことや，それを数式にまとめて整理し直すことが大切です（次ページ参照）。イラストを描くことで問題設定に立ち返ることが容易になりますし，数式にする際の大きな助けとなります。数式はモデルの等価な表現に気づかせてくれたり，より効率的な実装のヒントとなったりします。何よりもこれらのことはモデルのアイデアを生むのに役立ちます。モデリングに慣れるまではこれらの手間を惜しまないようにしましょう。

（まつうら・けんたろう）

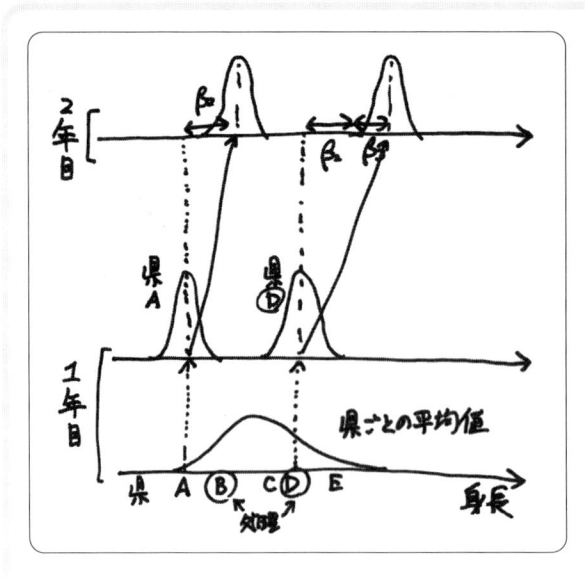

図1—久保さんが描いたイラストの例。本巻の「階層ベイズモデル最初の一歩」の解説の例題の概要である。本文中の図1(21ページ)は，この図の「県ごとの平均値」だけを示したもの，図2(22ページ)は処理ごとの平均を図示したもの，図7(34ページ)はモデルの構造である。

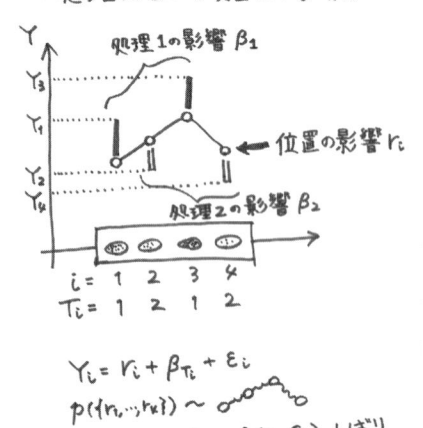

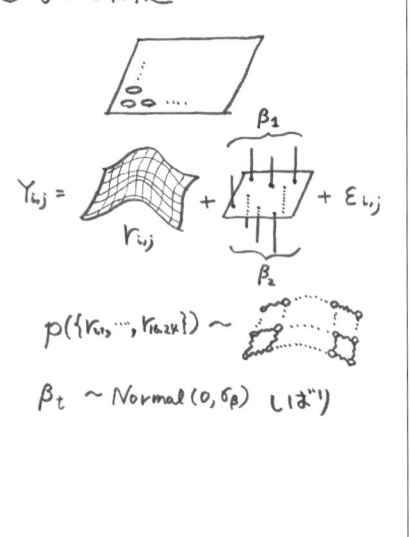

図2—松浦が描いたイラストの例。本巻の「Stan入門」の解説の「[例題3]空間構造のあるベイズモデル」のもの。(左)最初に想像した「シンプル版」の図。観測点を1次元的に並べた4つに減らし，処理の種類を2つに減らしてモデルと式を考えた。(右)本文(76ページ)で使ったモデルの図。シンプル版を拡張して考えた。

[特集]ベイズ推論と MCMC のフリーソフト

Stan入門
次世代のベイジアンモデリングツール

松浦健太郎(データサイエンティスト)

　Stan は Andrew Gelman, Bob Carpenter, Matt Hoffman, Daniel Lee らによって開発されている C++ で書かれた確率的プログラミング言語です(Stan Development Team, 2015)。US のグラントを得て 2012 年頃から活発に開発がすすめられています。Stan の一番の特徴は MCMC サンプリングに相当するアルゴリズムにハミルトニアン・モンテカルロ(Hamiltonian Monte Carlo，以下 HMC)の一実装である NUTS(No-U-Turn Sampler)が使われている点です(Hoffman, et al., 2014)。

　BUGS 言語で実行したときと比べると，NUTS を使ったサンプリングの 1 ステップは計算量が多く時間がかかります。しかし，ステップ間の相関が低くて少ないステップ数で収束し，全体として計算時間が短くなる傾向があります。そのためデータが豊富になって複雑なモデルが有効になるときに Stan は力を発揮します。逆に Stan を使う上で面倒な点は，HMC で離散的なパラメータを扱う理論が現時点で存在しないため，和をとることでそれらをあらかじめ消去しておく必要があることです。

1　Stanを使う準備

　データを加工して Stan に渡したり，計算で得られたサンプリングの結果を使って描画したりする際には R や Python といった記述力の高いプログラミング言語を使うのが非常に便利です。具体的にはモデルを記述するファイルを Stan の文法で書いて，たとえば `model.stan` という名前で保存しておき，R や Python のコードの中からそのファイル名を引数にして実行するという具合です。そのた

め本書でも RStan という R のパッケージを経由して Stan を使うことを想定しますが，Python の場合も PyStan を使うことで同様のことができます．

以降なるべく R の説明には深入りしないで Stan のモデルの説明に注力していきます．Stan を含めたインストール方法については公式の Web ページに尽きていますので，そちらを参照してください．なお本記事で実行した R のバージョンは 3.2.1，Stan のバージョンは 2.7.0-1 です．

2 Stanの基本的な構成

Stan のコーディングをはじめるにあたってモデルを記述する Stan コードの構成について説明します．Stan コードの基本的な構成は以下のように 3 つのブロック (data, parameters, model) でできています．

```
1  data {
2      データ Y の宣言
3  }
4
5  parameters {
6      サンプリングしたいパラメータ θ の宣言
7  }
8
9  model {
10     尤度 p(Y|θ) の記述
11     事前分布 p(θ) の記述
12 }
```

これらの記述をすることでパラメータ θ の事後分布 $p(\theta|Y) \propto p(Y|\theta)p(\theta)$ のより大きいところでより多くサンプリングされたサンプル列が得られます．

Stan コードを書く際のおすすめの流れは最初に model ブロックの尤度の部分 (と事前分布の部分) を書きます．その尤度の部分に出てきた各変数のうち，データの変数を data ブロックに，残りの変数を parameters ブロックに書いていきます．はじめから無理に data ブロックや parameters ブロックを書こうとしないのがコツです．また，Stan コードは C++ のコードに変換されてコンパイルされますので，各ブロックの順序は決まっており，上の行から順番に変数の宣言&

計算がされます。順序がちぐはぐになるとエラーになって動きません。この点はBUGSコードとは異なりますのでご注意ください。以降，例題を通してStanの文法や使い方を学んでいきます。ソースコードはすべてサポートページにあります。なお登場するデータはすべて架空のものです。

[例題1] 最小二乗法のベイズ版

本巻の「ベイズ超速習コース」の記事で扱いました，直線をあてはめる例題をStanでやってみます。以下のStanコード(モデルファイル)をエディタで作成し，model1.stanという名前で保存します。

```
 1  data {
 2      int N;
 3      real T[N];
 4      real Y[N];
 5  }
 6
 7  parameters {
 8      real a;
 9      real b;
10      real<lower=0> sigma;
11  }
12
13  model {
14      for (i in 1:N){
15          Y[i] ~ normal(a+b*T[i], sigma);
16      }
17      a ~ normal(0, 100);
18      b ~ normal(0, 100);
19      sigma ~ uniform(0, 1000);
20  }
```

[modelブロックの説明] 15行目はY[i]が平均a+b*T[i]・標準偏差sigmaの正規分布から生成されたことを表します。BUGSではdnorm(平均，精度)の指定で異なるのでご注意下さい。14行目のforは繰り返し文と呼ばれ，{}の内側

Stan入門 65

を繰り返したいときに使います。今回は N 個のデータが 1 つごと独立に生成されたことを表したいため，添え字 i を 1〜N まで繰り返しています。17-19 行目は事前分布を定めています。今回は無情報事前分布から生成されたと考えたいため，係数に関しては平均 0・標準偏差 100 の平らな正規分布を使っています。実は Stan では 17-19 行目は省略しても動きます。特に事前分布に指定がない場合，十分に幅の広い一様分布が使われるためです。以降の例題ではこの省略を積極的に使っています。

[data ブロックの説明] N はデータ数を表しており整数値なので int（integer の略）で宣言しています。Y は実数値なので real で宣言しています。また N 個の値を持つ配列なので [N] がついています。このあたりは C 言語など他の静的型付け言語と同様です[1]。

[parameters ブロックの説明] 10 行目では標準偏差 sigma が負の値にならないように <lower=0> で変数の範囲を制限しています。Stan ではこのように変数に上限下限を簡単に設定することができます[2]。

3 Rからの実行

Stan のモデルファイルを作成しただけでは計算されません。これを R や Python といった他のプログラミング言語から data ブロックに含まれるデータを渡して計算させる必要があります。以下では RStan の例を簡単に紹介します。{rstan} パッケージをインストールした後に以下の R コードで実行します。

```
1  library(rstan)
2  set.seed(123)
3
4  N <- 20; a <- 0.5; b <- 3; T <- 1:N/10
5  Y <- rnorm(N, mean=a+b*T, sd=1)
6  data <- list(N=N, T=T, Y=Y)
7
8  fit <- stan(file='model1.stan', data=data)
```

4-6 行目でデモデータを作成しています。データの値が大きいときには BUGS と同様にスケーリングする[3]ことで収束具合が改善します。8 行目で先ほど保存

したモデルファイルを読み込んで実行しています。WinBUGS や JAGS で実行したときと同様に，fit には MCMC の設定や推定結果の MCMC サンプルが格納されています。8 行目をカスタマイズしたい場合は以下のようにします。

```
 8  stanmodel <- stan_model(file='model1.stan')
 9
10  fit <- sampling(
11      stanmodel,
12      data=data,
13      pars=c('a','b'),
14      init=function() {
15          list(a=runif(1,-1,1), b=runif(1,-1,1), sigma=1)
16      },
17      seed=1234,
18      iter=1000, warmup=200, thin=2, chains=3
19  )
```

この 8 行目では stan_model 関数で C++ コードのコンパイルだけを行っています。これは iter や thin だけを変えて実行したいとき，初期値だけを変えて実行したいとき，データだけを変えて実行したいとき，並列で実行したいときに時間のかかるコンパイルをやり直さなくてよいためです[4]。10 行目でサンプリングのみを行う sampling 関数を使っています。11 行目はモデルファイルの代わりにコンパイル後の stanmodel を引数にしています。13 行目ではサンプリングして保存したい変数を指定しています。指定がない場合，parameters・transformed parameters・generated quantities の各ブロックで宣言されたすべての変数の MCMC サンプルが保存されます（後述）。

14-16 行目では初期値を設定しています。指定がない場合，制限がないパラメータは (-2,2) の一様分布から生成されます。制限があるパラメータはそこから注釈 2 で変数変換をした値が初期値となります。17 行目は Stan で使う乱数の種を渡しています。seed が同じなら計算後の fit は同一のオブジェクトになります。18 行目の warmup は WinBUGS における burn in のことです。その他については R から「? stan」のようにタイプして調べたい関数のヘルプを見てください。Stan の実行後，収束判定などは以下のような R コードで行います。

```
21  write.table(data.frame(summary(fit)$summary),
22      file='fit_summary.txt', sep='\t', quote=FALSE, col.names=NA)
23
24  pdf('fit_traceplot.pdf', width=600/72, height=600/72)
25  traceplot(fit)
26  # traceplot(fit, pars=c('a','b'), window=c(100,1000))
27  dev.off()
```

21-22 行目は MCMC サンプルの要約統計量や Rhat をテキストで出力しています。24-27 行目は MCMC サンプルの trace plot を pdf で出力しています。一部だけ見たい場合は 26 行目のようにします。

4 ベイズ信頼区間とベイズ予測区間

先ほどの例題で b のベイズ信頼区間が知りたい場合は以下のような R コードで MCMC サンプルから簡単に算出できます。

```
29  la <- extract(fit)
30  b_smp <- la$b
31  quantile(b_smp, prob=c(0.025, 0.975))
```

29-30 行目は MCMC サンプルを取り出しています。「b」のところはサンプリングした任意の変数名になります。今回の結果の b_smp は 1 次元 array になりますが，変数の次元によっては[MCMC サンプルの長さ]×[変数の添え字]の matrix や多次元 array になります。

しかし R 側で「a+b*T[i]」や「新しいデータに対する Y_new」の MCMC サンプルを計算してベイズ信頼区間とベイズ予測区間を得るのは面倒ですし，作業全体の見通しが悪くなります。そこで Stan では 2 つの便利なブロックが用意されています。それらを使うと先ほどの例題の Stan コードは以下になります。

```
1  data {
2      int N;
3      real T[N];
4      real Y[N];
```

```
 5      int N_new;
 6      real T_new[N_new];
 7  }
 8
 9  parameters {
10      real a;
11      real b;
12      real<lower=0> sigma;
13  }
14
15  transformed parameters {
16      real Y_hidden[N];
17      for (i in 1:N)
18          Y_hidden[i] <- a + b*T[i];
19  }
20
21  model {
22      for (i in 1:N)
23          Y[i] ~ normal(Y_hidden[i], sigma);
24  }
25
26  generated quantities {
27      real Y_new[N_new];
28      for (i in 1:N_new)
29          Y_new[i] <- normal_rng(a + b*T_new[i], sigma);
30  }
```

15-19 行目の transformed parameters ブロックでは，データ・parameters ブロックで宣言されたパラメータ・定数値から四則演算と log などの関数を使って「<-（代入）」で定義することで新たにサンプリングする変数を作ることができます。サンプリングしなくてもよい変数の場合は model ブロック内の任意の「{」直後に宣言することが可能です。また，for 文の中身が 1 行の場合は {} を省略できるのでそうしています。23 行目の model ブロックでは新たに定義された Y_hidden[i] を使うことができます。無情報事前分布の記述も省略していま

図1―推定されたベイズ予測区間。黒の点はデータ，黒の細線は得られたY_newのMCMCサンプルの中央値，濃い灰色の帯はMCMCサンプルの50%区間，薄い灰色の帯は同じく95%区間。

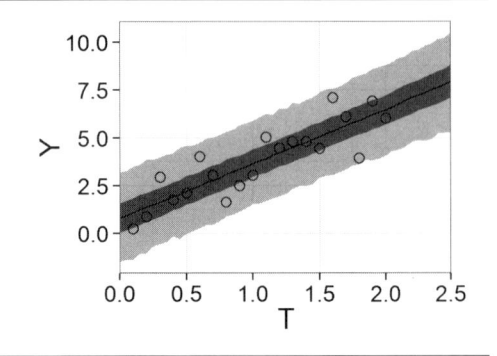

す。

26-30行目のgenerated quantitiesブロックでは，新しいデータT_newに対するY_newを定義しています。このブロックは尤度とは完全に切り離されていて計算が速いのが特徴です。「~」は尤度と紐付いてしまうので使えません（後述）。ある分布に従う乱数を発生させたいときは「~ 分布名()」ではなくて，代わりに「<- 分布名_rng()」という関数を使います。今回はT_newとして0.0～2.5までの0.05刻みのデータを与えて計算してみました（図1）。

5 Stanの内部表現と書き方（**Advanced**）

Stanは対数事後確率である$\log p(\theta|Y) = \log [p(Y|\theta)p(\theta)] + const. = \log p(Y|\theta) + \log p(\theta) + const.$をパラメータ$\theta$で偏微分した勾配情報を使って効率的にサンプリングしています。そこでサンプリングの間，あるMCMCステップのパラメータθ^*における$\log p(Y|\theta^*) + \log p(\theta^*)$の値を lp__（log posteriorの略）という名前で内部的に持っています。別の見方をすればStanとは尤度（と事前分布）の記述をすることで，lp__の関数形を決める言語と言えるでしょう。尤度は自由に定義できますので，実はある関数$f(\theta)$の大きいところからなるべく多くサンプリングしたいという用途なら何でも使うことができます。

尤度の記述の仕方について詳しく見ていきます。Stanコード内において「Y ~ ある分布(θ)」という記述は「Yはθを引数としたある分布から生成された，と考える」という意味である一方，内部では「lp__に$\log p(Y|\theta)$を足し算する」ということが行われています。後者の意味を留意しつつも，人間にとって理解し

やすいと思われる前者の意味に慣れ親しんでいくのがよいでしょう．例として先ほどの例題の事後分布を数式で表しますと，

$$p(a, b, \sigma | Y, T) \propto \left[\prod_{i=1}^{N} \text{Normal}(Y_i | a, b, \sigma, T_i)\right] p(a) p(b) p(\sigma)$$

となるので右辺の log をとると以下になります．

$$\sum_{i=1}^{N} \log[\text{Normal}(Y_i | a, b, \sigma, T_i)] + \log p(a) + \log p(b) + \log p(\sigma)$$

上の式の 1 項目の登録が以下の Stan コードに対応していたわけです．

```
14    for (i in 1:N){
15        Y[i] ~ normal(a+b*T[i], sigma);
16    }
```

この 15 行目は内部的には lp__ に $\log\left[\frac{1}{\sigma}\exp\left(-\frac{1}{2\sigma^2}(Y_i-a-bT_i)^2\right)\right]$ を足し算しています．正規分布の規格化定数の分は無視されています．これは lp__ をパラメータで偏微分した勾配情報が重要であり，定数項は微分で消えるためです．また，lp__ に直接アクセスする手段も提供されており，それを利用すると 15 行目は以下の Stan コードと等価です．

```
increment_log_prob(-log(sigma)-0.5*pow((Y[i]-a-b*T[i])/sigma,2));
```

ここで pow(a,b) は a^b です．また，「分布名_log()」という対数尤度を算出する便利関数が存在し，それを使うと以下の Stan コードとも等価です．

```
increment_log_prob(normal_log(Y[i], a+b*T[i], sigma));
```

厳密には定数である 0.5*log(2*pi()) の分だけ lp__ がずれますが偏微分は変わらないので動作は同じになります．この increment_log_prob() を使った書き方は Stan で離散パラメータを使う場合に必須になりますし，独自の尤度を定義したい場合にも使用します．しかし，はじめのうちは「~」を使う書き方に慣れましょう[7]．

[例題2] **状態空間モデルとベイズ決定**

本巻の「時系列・空間データのモデリング」の記事では扱わなかった季節調整項を考慮したモデルを扱います．例として，ある季節ものの四半期ごとの予約販

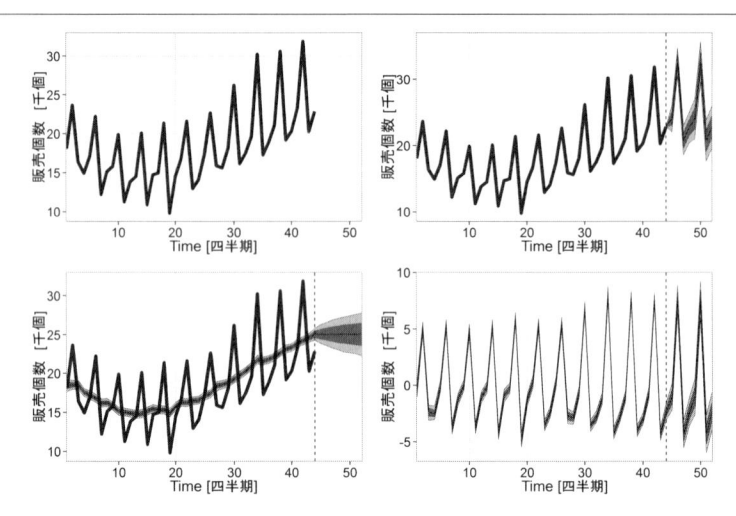

図2―季節ものの予約販売数の時系列データとモデリングよる推定結果。黒の太線は実データ(Time=1〜44),黒の細線は得られたMCMCサンプルの中央値,濃い灰色の帯はMCMCサンプルの50%ベイズ信頼区間,薄い灰色の帯は同じく80%ベイズ信頼区間。Time=45〜52は予測。(左上)実データ,(右上)8時点先までの予測,(左下)推定されたトレンド項μ_t,(右下)推定された季節調整項s_t。

売数の時系列データがあるとします。季節ものという知識とグラフ(図2左上)からトレンド項と季節調整項を含む状態空間モデルで扱うことを考えます。モデル式は以下になります。

$$Y_t = \mu_t + s_t + \varepsilon 1_t \qquad \varepsilon 1_t \sim N(0, \sigma_Y)$$
$$\mu_t = \mu_{t-1} + \varepsilon 2_t \qquad \varepsilon 2_t \sim N(0, \sigma_\mu)$$
$$s_t = -\sum_{k=1}^{3} s_{t-k} + \varepsilon 3_t \qquad \varepsilon 3_t \sim N(0, \sigma_s)$$

1番目の式はトレンド項(μ_t)と季節調整項(s_t)の和に観測ノイズが入ってY_tになることを表し,2番目の式は$\mu_t - \mu_{t-1}$は0に近い値でしょう(トレンドはゆっくり動くでしょう)ということを表し,3番目の式は4時点(1年間)の合計である$\sum_{k=0}^{3} s_{t-k}$が0に近い値でしょう(周期4の周期性があるでしょう)ということを表しています[5]。今回は8時点先の未来までの予測をしたいとします。Stanコードは以下になります。

```
 1  data {
 2      int T;
 3      int T_next;
 4      real Y[T];
 5  }
 6
 7  parameters {
 8      real mu[T];
 9      real s[T];
10      real<lower=0> s_mu;
11      real<lower=0> s_s;
12      real<lower=0> s_y;
13  }
14
15  model {
16      for(t in 2:T)
17          mu[t] ~ normal(mu[t-1], s_mu);
18      for(t in 4:T)
19          s[t] ~ normal(-s[t-1]-s[t-2]-s[t-3], s_s);
20      for(t in 1:T)
21          Y[t] ~ normal(mu[t]+s[t], s_y);
22  }
23
24  generated quantities {
25      real mu1[T+T_next];
26      real s1[T+T_next];
27      real y_next[T_next];
28
29      for (t in 1:T){
30          mu1[t] <- mu[t];
31          s1[t] <- s[t];
32      }
33      for (t in (T+1):(T+T_next)){
34          mu1[t] <- normal_rng(mu1[t-1], s_mu);
35          s1[t] <- normal_rng(-s1[t-1]-s1[t-2]-s1[t-3], s_s);
```

```
36      }
37      for (t in 1:T_next)
38          y_next[t] <- normal_rng(mu1[T+t]+s1[T+t], s_y);
39  }
```

modelブロック内は先ほどのモデル式そのままになっています。mu[1]などについては記述がないので，無情報事前分布に従うとして扱われます。generated quantitiesブロックでT_next時点先までの$Y \cdot \mu \cdot s$の分布を求めています。それらを使って描いたものが図2(右上)・(左下)・(右下)になります。

6 ベイズ決定

1時点先の予約販売個数を今の時点でxに決定して発注しなければならない状況を考えましょう。何個分を発注するのがよいでしょうか。なお，1時点先の実際の予約販売個数をx_{next}とすると，足りない場合は足りなかった分に比例する利益の損失($2(x_{next}-x)$)があり，発注しすぎて余った場合は途中で頭打ちになるような廃棄コスト($1-\exp[-(x-x_{next})]$)がかかるとします。一般的に事後分布(または予測分布)を$p(\theta|Y)$，あるxを選んだ時の損失(loss)を$L(\theta,x)$とすると，事後分布で重みづけされた損失(事後期待損失)は$\int p(\theta|Y)L(\theta,x)d\theta$となります。これを最小にする$x$を答えと考えます。このような意思決定はベイズ決定と呼ばれています。今回の場合だと積分をMCMCサンプルの和に置き換えることで以下のようにRで簡単に求めることができます。

```
1   library(rstan)
2
3   (…Stanの実行…)
4
5   la <- extract(fit)
6   x_smp <- la$y_next[,1]
7
8   loss_function <- function(x){
9       sum(ifelse(x < x_smp, 2*(x_smp-x), 1-exp(-(x-x_smp))))
10  }
11
```

```
12  y_decision <- optim(median(x_smp), loss_function,
13      method='Brent', lower=5, upper=50)$par
```

[例題3] **空間構造のあるベイズモデル**

　本巻の「時系列・空間データのモデリング」の記事で扱った CAR モデルは地図のようにノード(点)とエッジ(辺)で隣接構造を表せるものに広く適用することができます。この例題ではその中でも特に使用頻度が高いと思われる 2 次元の格子状のデータを Stan で扱います。

　生物の実験において様々な処理を一度にたくさん処理するために，穴がたくさんあいた長方形のプラスチックのプレートがよく使われます。今回は，縦 16 行・横 24 列で合計 384 個の穴がある 384 plate を使って，どの処理が有効かどうか(数値 Y が高いか)のデータを得ることを想定します[6]。簡単のため 96 種類の処理を各々 4 回ずつ処理して繰り返し数 4 のデータを得ることにします。背景知識として「プレートの真ん中あたりの値が高くなりやすい」という位置の影響があることを知っているとします。このとき，96 種類の処理は無作為化によってプレート上にランダムに割り付けすることが大切です。今回はきちんと無作為化を行ったとします。そうしないと，たとえばある処理がプレートの真ん中に 4 つ並んだまま実験して高い数値が得られたときに，それが位置の影響なのか，処理の影響なのかが切り分けしづらくなってしまいます。

　穴ごとに得られた数値 $Y_{i,j}$ (i と j はそれぞれプレートの行と列)を可視化したものが図 3 とします。今回は 2 次元の空間構造に関して，本巻の「時間・空間を含むベイズモデルのいろいろな表現形式」の記事で触れられている 2 階階差の CAR モデルを用いることにしましょう。モデル式は以下になります。

$$Y_{i,j} = r_{i,j} + \beta_{T_{i,j}} + \varepsilon_{i,j} \quad \varepsilon_{i,j} \sim N(0, \sigma_Y)$$

$$p(r_{1,1}, r_{1,2}, \cdots, r_{16,24}) \propto \frac{1}{\sigma_r^A} \exp\left[-\frac{1}{2\sigma_r^2}\sum_{i,j}\{(r_{i,j}-r_{i,j-1})-(r_{i,j-1}-r_{i,j-2})\}^2 \right.$$

$$\left. -\frac{1}{2\sigma_r^2}\sum_{i,j}\{(r_{i,j}-r_{i-1,j})-(r_{i-1,j}-r_{i-2,j})\}^2\right]$$

$$\beta_t \sim N(0, \sigma_\beta)$$

ここで $r_{i,j}$ はプレートの位置の影響，A は (i,j) のすべての組み合わせの数，$\varepsilon_{i,j}$

図3―プレート内の穴の位置と得られた数値 $Y_{i,j}$。プレートの内部の値が高く，端の値が低い傾向が見られます。

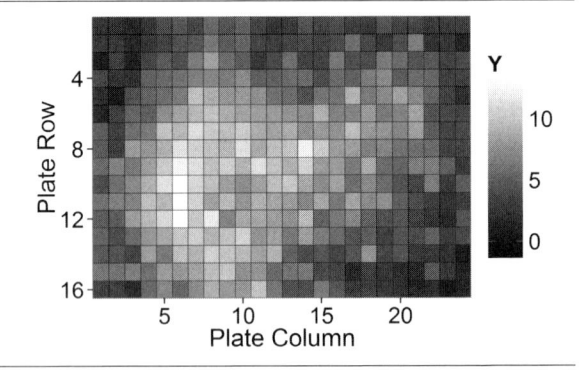

は観測ノイズです。β_t は処理の影響(知りたいもの)で，平均 0・標準偏差 σ_β のゆるい制約を入れています。本巻の「階層ベイズ最初の一歩」の記事を参照してください。これを実装した Stan コードは以下になります。

```
 1  data {
 2      int Ni;
 3      int Nj;
 4      real Y[Ni,Nj];
 5      int T;
 6      int<lower=1, upper=T> T_index[Ni,Nj];
 7  }
 8
 9  parameters {
10      real r[Ni,Nj];
11      real<lower=0> s_r;
12      real beta[T];
13      real<lower=0> s_beta;
14      real<lower=0> s_y;
15  }
16
17  model {
18      for (i in 1:Ni)
19          for (j in 3:Nj)
20              increment_log_prob(
21                  normal_log(r[i,j], 2*r[i,j-1] - r[i,j-2], s_r)
```

```
22            );
23     for (j in 1:Nj)
24        for (i in 3:Ni)
25            increment_log_prob(
26                normal_log(r[i,j], 2*r[i-1,j] - r[i-2,j], s_r)
27            );
28     for (t in 1:T)
29        beta[t] ~ normal(0, s_beta);
30     for (i in 1:Ni)
31        for (j in 1:Nj)
32            Y[i,j] ~ normal(r[i,j] + beta[T_index[i,j]], s_y);
33 }
```

model ブロックの説明をします。18-27 行目で同時分布 $p(r_{1,1}, r_{1,2}, \cdots, r_{16,24})$ を定義しています。同時分布を分かりやすく強調するために「~」を使わないで，increment_log_prob を使っています。「~」を使って書く場合は 20-22 行目は以下の Stan コードと等価です。

r[i,j] ~ normal(2*r[i,j-1] - r[i,j-2], s_r);

また 5・28 行目の T には処理数（今回は 96）が渡され，28-29 行目では β_t に階層事前分布が設定されています。32 行目の T_index にはプレートのどの位置にどの処理 $t(t=1, \cdots, T)$ を実施したかが渡されます。$\sigma_Y \cdot \sigma_r \cdot \sigma_\beta$ は無情報事前分布としています。

推定結果は図 4 になります。推定方法の違いでかなり差が出ていることが分かります。無作為化してあるからといって単純に平均したものではプレートの端や真ん中の数値に引きずられてしまってうまくいきません。推定された $r_{i,j}$ が背景知識と一致しており，モデリングによって空間の影響を取り除くことでうまく処理の効果が推定できていると言えるでしょう。

7 さらに学ぶためには

難しい章もありますが Stan のマニュアルを読むのがベストでしょう。また Stan の公式ホームページの Examples のページには，ベイズの教科書内の例題や WinBUGS のマニュアル付属の例題を Stan で実装したものがあります。これら

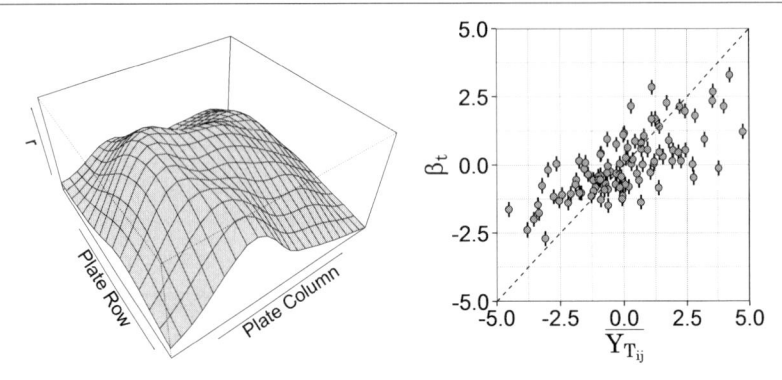

図4 ―(左) $r_{i,j}$ の MCMC サンプルの中央値の3次元プロット。(右)横軸が処理ごとに Y を単純に平均した値(Y の全体平均を引いてあります)。縦軸がモデルから推定された処理の効果 β_t の値(MCMC サンプルの中央値と 80% ベイズ信頼区間)。1点1点が処理の種類で合計 96 点あります。

を考えながら実装していくことは教育的です。

この解説では Stan のアルゴリズムである NUTS について触れませんでしたが，興味ある方は豊田(2015)に日本語で説明がありますのでお読みください。また最近では Stan を使ったブログ記事や発表資料が増えてきましたのでそれらが参考になります。

参考文献

Stan Development Team (2015), Stan: A C++ Library for Probability and Sampling, Version 2.7 [Online]. Available: http://mc-stan.org.

Hoffman, M. D. and Gelman, A. (2014), The No-U-Turn Sampler: Adaptively Setting Path Lengths in Hamiltonian Monte Carlo, Journal of Machine Learning Research, vol. 15, no. Apr, pp. 1593-1623.

久保拓弥(2012)，データ解析のための統計モデリング入門――一般化線形モデル・階層ベイズモデル・MCMC，岩波書店．

豊田秀樹(2015)，基礎からのベイズ統計学――ハミルトニアンモンテカルロ法による実践的入門，朝倉書店．

StatModeling Memorandum, http://statmodeling.hatenablog.com/

---

1 ―― int や real の他にも，行列計算に便利な vector 型・matrix 型，合計が常に1になる simplex 型，順序の決まった値を格納する ordered vector 型など便利な型があります。詳しくはマニュアルを参照。

2 ―― real<lower=a,upper=b> x の場合，内部的には実数全域で定義される x^* を使って $x=a+(b-a)\cdot 1/(1+\exp(-x^*))$ と変数変換することで制限を実現しています。そして，その変数変換のヤコビア

ンの determinant の絶対値の対数をとったものが 1p__ に加えられています.
3——たとえば標準偏差で割ることで値を 1 ぐらいのオーダーに変換することを指します.
4——ここでは並列実行はしません.サポートページで説明する予定です.
5——参考までに事後分布は以下のようになります.

$$p(\{\mu_t\}, \{s_t\}, \sigma_Y, \sigma_\mu, \sigma_s | \{Y_t\})$$
$$\propto p(\mu_1) \left[\prod_{t=2}^{T} p(\mu_t | \mu_{t-1}, \sigma_\mu) \right] \left[\prod_{t=1}^{3} p(s_t) \right] \left[\prod_{t=4}^{T} p(s_t | s_{t-1}, s_{t-2}, s_{t-3}, \sigma_s) \right]$$
$$\cdot \left[\prod_{t=1}^{T} p(Y_t | \mu_t, s_t, \sigma_Y) \right] p(\sigma_Y) p(\sigma_\mu) p(\sigma_s)$$

6——知らない方は Web で「384 plate」で画像検索してみてください.
7——Stan 2.10 から increment_log_prob(x); という書き方の代わりに target += x; という書き方が,また代入を表す「<-」の代わりに「=」が推奨になりました.そのため本文中のコードは,Stan 3 以降では動かない場合があります (Stan 2.x ではコンパイル時に警告が表示されるものの使い続けることができます).サポートページから閲覧できる GitHub 上のソースコードは最新の Stan にあわせて随時更新する予定です.

(まつうら・けんたろう)

〈次巻予告〉
岩波データサイエンス vol.2（2016 年 2 月刊行予定）

特集「**自然言語処理**」
特集担当＝**中谷秀洋・持橋大地**

計算機で作る面白いナンプレ
とん

はじめまして。私の名前は「とん」といいます。計算機にパズルを一日中作らせて，その中から問題集に合った問題を探す，そんな仕事をしています。

"数独"あるいは"ナンプレ"というパズルをご存知でしょうか。各行，各列，3×3の各ブロックに，1〜9が1つずつしか現れないよう，9×9のマスを埋めていくパズルです。ここでは，私が作った面白いナンプレをご紹介していきます。

*

今回のコンセプトは「とても似ている問題」。

以前，ナンプレの問題集を作るときに，「1つの問題集の中に似た形の問題があるのはよくない」と言われました。読者から「前に同じような問題を解いたな」とは思われないほうがよいとのこと。そんなわけで，普段は似た形がないように作っているのですが，たまたま易しい問題から難しい問題まで1問ずつ作る仕事を受けたとき，見た目がすごく似ていて難易度※がすごく違う問題を載せたら面白いかも，と思い，わざとそういう問題を作ることにしました。

まず，形（どのマスにヒントを入れるか）を，9×9マスの盤面上の8×9マスの中に適当に決めます。そして，その形と1列ずらした形の両方が唯一解の問題になるように，ヒントの数字を決めていきます。こうして作った問題の中から，1列ずらす前の問題と1列ずらした後の問題とが，ちょうどいい難易度差になるものを2組選びました。

この2組から，1列ずらす前の問題を問題集の見開きに載せ，その次の見開きに1列ずらした後の問題を載せることで，ページをめくったときに1列ずれた以外は前の見開きとまったく同じになるようにしました。読者の反応は聞いてないので分かりませんが，知り合いに本を見せたときの反応は結構良かったです。

さて，右のページに載せたのが，今回改めて作った「とても似ているが，全然違う難しさ」の問題です。解いてその違いを感じていただけたらと思います。

(答えは94ページ)

(※) ナンプレの難易度は下記のプログラムで決めていますが，
http://puzzle.gr.jp/show/Japanese/NPV2
解く人によって感じ方が違うため，正確には評価できないものだと思っています。
　ナンプレの難易度を評価するプログラムは有名なものがいくつかあり，それぞれのプログラムが最も難しいと評価したナンプレのデータベース（テキストファイル）があります。難しいナンプレに興味がある方は下記のスレッドを見ると面白いかもしれません。
http://forum.enjoysudoku.com/the-hardest-sudokus-new-thread-t6539.html

(a)

	7	8			5			6	
				2					
			9			3	1		
		9							
	5			8	6			2	
						3			
		5	3			4			
					8				
	2			7			6	5	

(b)

	7	8			5			6
				2				
			9			3	1	
		9						
	5			8	6			2
						3		
		5	3			4		
					8			
	2			7			6	5

計算機で作る面白いナンプレ 81

Pythonとは

高柳慎一・((株)リクルートコミュニケーションズ)

Python(パイソン)は,統計/データ分析に特化したR言語やデータベースへのアクセスに特化したSQLとは異なり,C言語やJAVAと同様の汎用的なプログラミング言語です。PythonはC言語やFortranと違い,コンパイルを必要としない動的な言語であるにもかかわらず計算速度が速く,科学技術計算においても幅広く使用されています。たとえば,生命科学・宇宙科学の分野においては,それぞれBiopython (http://biopython.org/wiki/Main_Page) や Astropy (http://www.astropy.org/)といった大規模なライブラリの開発がGithub上で現在も活発に行われています。

Pythonを使って,データ分析や数値計算を行うのであれば,anaconda (https://store.continuum.io/cshop/anaconda/)を使ってPythonをインストールすると,NumPyに代表されるような科学技術・データ分析系のライブラリも同時にインストールされるので,手間が省けてよいでしょう。

Pythonによるデータ解析

Pythonを用いてデータ解析,特にデータの前処理を含めたデータ操作を行うために,使い方を理解しておくべきライブラリとしてpandas (http://pandas.pydata.org/)があります。pandasは,2008年,AQR Capital Managementという世界的に有名なクオンツ・ヘッジファンドに勤務していたWes McKinneyが(データ分析のR言語に嫌気が差したのがその理由という噂もありますが…),Pythonにおけるデータ操作用ライブラリとして開発を開始しました。pandasの名前は,**PAN**el **DA**ta **S**ystemから来ており,その名が示す通り,数表の形式をしたデータや時系列を操作するためのデータ構造と,それに対する演算を提供しています。

また,前処理が済んだデータに対して適用するための解析手法を提供するライブラリとしては,Numpy, Scipy (基本的な配列・数値計算手法の提供),や scikit.learn, Shogun (機械学習),Statsmodels (統計分析),Opencv, scikit.image (コンピュータビジョン),NLTK, gensim (自然言語処理),SymPy (数式処

理)などのライブラリが大変役に立ちます．その他にも結果を可視化するためのライブラリ(Bokeh, matplotlib, Seaborn)や，データ分析の再現性を担保することができるよう，データ解析の過程自身を記載することのできる IPython Notebook も知っておくと良いでしょう．

データ分析に関連した日本語の書籍としては
――Python によるデータ分析入門―NumPy, pandas を使ったデータ処理，Wes McKinney 著，小林儀匡・鈴木宏尚・瀬戸山雅人・滝口開資・野上大介訳，オライリージャパン
――実践 機械学習システム，Willi Richert, Luis Pedro Coelho 著，斎藤康毅訳，オライリージャパン
があります．

　ライブラリの進化は日進月歩であり，最近は特に Deep Learning との関係で，モントリオール大学の Bengio 教授の研究室で開発された Theano や日本の Preferred Networks/Preferred Infrastructure により開発された chainer に注目が集まっています．

　処理の高速化についてはさまざまな方法が検討されており，たとえば，PyPy (パイパイ)という，Python の処理系があります．PyPy は JIT (Just-In-Time)コンパイル機能を持っており，実行時にコードを機械語にコンパイルして効率的に実行させることで処理が高速化されます．また PyPy 同様に，Python のコードを機械語へと変換するために LLVM を用いる Numba というコンパイラもあります．

最後に
　Python を用いて，特に MCMC やベイズ統計を実施する場合には，PyStan (https://github.com/stan-dev/pystan) を用いるか，あるいは PyMC (http://pymc-devs.github.io/pymc/)を活用することもできます．特に PyMC に関しては，本巻に渡辺氏による解説があります．興味のある読者はそちらも参照するとよいでしょう．

(たかやなぎ・しんいち)

[特集]ベイズ推論とMCMCのフリーソフト

PythonのMCMCライブラリPyMC

渡辺祥則(ソフトウェアエンジニア)

　Pythonは，numpy, scipy, scikit.learnなど科学技術計算に使えるライブラリを多数擁しますが，その中でもMCMCのライブラリとしてはpystan, PyMC, emcee, PyMCMCなどがあげられます。Stanは，モデル記述のEigenを用いたC++コードへの変換とコンパイルによって高速な計算を達成していますが，PyMCは，内部でTheanoを使用することで同様に，計算の高速化を図っています[1]。

　Stanと同様に，PyMCもNUTS, HMCを採用しており，アルゴリズム面でも高速なサンプリングが行えるようになっています。

　Pythonの文法の枠内でモデリングを行えるのが，Stanのラッパーであるpystanとの大きな違いです。

　また既にPythonを習得した人にとっては慣れた言語でモデリングを行えるのは利点となるかもしれません。いわば強く型付けされていない言語としてのPythonの特徴が利点であり，難点でもあります。

　現段階ではPyMCには，PyMC2系列とPyMC3系列があります。PyMC2は，柔軟な記述ができる反面，計算に時間がかかるという難点があり，現在では開発を停止しています。web上には統計モデルの実装やPyMC2に依存したライブラリが多数公開されています。また2つを使い分けることもできます。本解説ではPyMC3を紹介します。

1　[例題1]　線形回帰モデルのベイズ推定

　Stanの例と同様に単純な線形回帰モデルの例を示し，モデリングと可視化に

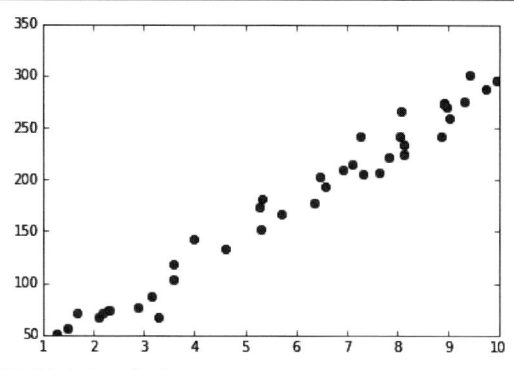

図1―ノイズ,外れ値を入れた人工データ。

必要な基本文法も説明します。ここでは図1のような線形の関係にノイズ,外れ値を加えた人工データを用います。

```
1  import matplotlib.pyplot as plt %matplotlib inline
2  import numpy as np
3  N=40
4  X=np.random.uniform(10,size=N) Y=X*30 + 4 + np.random.normal(0,16, size=N) plt.plot(X,Y,"o")
```

モデルの記述とその実行は以下のようなコードになります。

```
1  import pymc as pm
2  import time
3  from pymc.backends.base import merge_traces
4  
5  multicore=False
6  saveimage=False
7  
8  itenum=1000
9  t0=time.clock()
10 chainnum=3
11 
12 with pm.Model() as model:
13     alpha = pm.Normal('alpha', mu=0, sd=20)
```

PythonのMCMCライブラリPyMC 85

```
14      beta = pm.Normal('beta', mu=0, sd=20)
15      sigma = pm.Uniform('sigma', lower=0)
16      y = pm.Normal('y', mu=beta*X + alpha, sd=sigma, observed=Y)
17      start = pm.find_MAP()
18      step = pm.NUTS(state=start)
19
20   with model:
21      if(multicore):
22        trace = pm.sample(itenum, step, start=start,
23             njobs=chainnum, random_seed=range(chainnum),
       progress_bar=False)
24      else:
25        ts=[pm.sample(itenum, step, chain=i, progressbar=False) for i
       in range(chainnum)]
26        trace=merge_traces(ts)
27      if(saveimage):
28        pm.traceplot(trace).savefig("simple_linear_trace.png")
29      print "Rhat="+str(pm.gelman_rubin(trace))
30
31   t1=time.clock()
32   print "elapsed time="+ str(t1-t0)
```

1行目の import pymc で PyMC ライブラリを読み込み，これを使うことを示しています。as pm を省略することもできますが，異なるパッケージの同名の関数を区別するために付けることが推奨されます。

(1) モデルの記述とデータ，初期値，アルゴリズムの指定

統計モデルの記述は with pm.Model() ブロックの中で行います(12行目)。モデルに登場する変数は確率変数，非確率(決定論的)変数，観測変数に分けられ，それぞれが従う分布を指定します。観測変数には引数 observed にその変数を代入することで表されます。これは Stan の data block に対応します。

引数 shape に numpy.array のサイズ，次元を明示することができますが，事後分布の形が単純な場合には確率変数のサイズを推測してくれます。PyMC で

は型を明示する手段がないので変数が離散か連続か，とりうる範囲などの情報はプログラマが把握しておかなければいけません。pm.find_MAP() で MCMC の初期値を設定し，pm.NUTS() でサンプリングの形式を NUTS に指定します。

(2) サンプリングの実行

モデルのコンパイルは pm.Model ブロックを抜けるところで行っています。サンプリング実行は pm.sample で行っています。ここでは複数の MCMC chain を並列計算させており，変数 njobs で chain 数を与えます。

(3) 結果の取り出しと解析

MCMC の実行で推定された変数の値は trace に保存されており，Python の辞書データ構造で変数名を指定することで取り出すことができます。収束の度合いを示す Rhat は gelman_rubin という関数で計算することができますが，chain を 3 つ以上にする必要があります。

通常はマルチコア CPU 環境でコードを実行するので 24-27 行目のような書き方ですが，コア数が制限されている状況では複数の chain を直列に実行するために 25, 26 行目の merge_traces を用いた書き方をします。

traceplot で各変数の trace の値とヒストグラム（推定された事後分布）を描画することができます。ipython notebook を使う場合には実行したコードの下にグラフが表示され(図 2)，そうでない場合には独立したウィンドウとしてグラフが表示されます。

```
1  if(not multicore):
2      trace=ts[0]
3  with model:
4      pm.traceplot(trace,model.vars)
```

pm.forestplot を使うと各変数を信頼区間込みでプロットでき，収束の度合いを示す $\hat{R}$(R-hat)も表示できます(図 3)。

```
1  pm.forestplot(trace)
```

コンパイル済みのモデルやサンプリングの結果 trace は python 標準のデータ

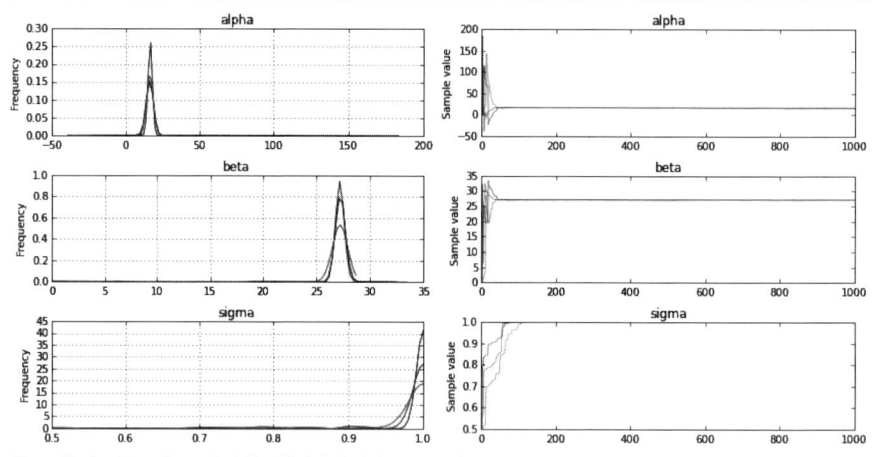

図2―線形回帰モデルの各変数の推定事後分布ヒストグラムとtrace。

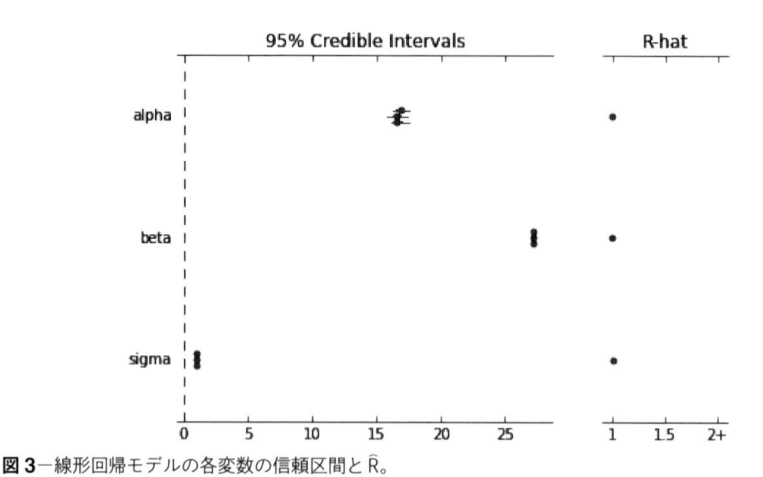

図3―線形回帰モデルの各変数の信頼区間と$\hat{R}$。

シリアライズ形式であるpickleを使って保存，読み出しすることができます。

```
1  import pickle as pkl
2  with open("simplelinearregression_model.pkl","w") as fpw:
3      pkl.dump(model,fpw)
4  with open("simplelinearregression_trace.pkl","w") as fpw:
5      pkl.dump(trace,fpw)
6  with open("simplelinearregression_model.pkl") as fp:
```

```
7    model=plk.load(fp)
8  with open("simplelinearregression_trace.pkl") as fp:
9    trace=plk.load(fp)
```

2 ［例題2］階層ベイズモデル

Stanの場合と同様に『データ解析のための統計モデリング入門』(久保拓弥, 岩波書店)の10章の例題のデータを用います。まずpandasを用いてデータの取り込みを行います。

```
1  import pandas as pd
2  data=pd.read_csv("http://hosho.ees.hokudai.ac.jp/~kubo/stat/
       iwanamibook/fig/hbm/data7a.csv")
```

種子の数yごとに集計，グラフとして表示する(図4)と

```
1  plt.bar(range(9),data.groupby('y').sum().id)
2  data.groupby('y').sum().T
```

のようになります。個体ごとのばらつきを確率変数としてモデルに含める場合，PyMCでは計算に時間がかかってしまうので，ここではデータ数を6個に制限します。

```
1  Y=np.array(data.y)[:6]
```

モデルは以下のように記述されます。

```
1  import numpy as np
2  import pymc as pm import theano.tensor as T
3  def invlogit(v):
4    return T.exp(v)/(T.exp(v)+1)
5
6  with pm.Model()as model_hier:
7    s=pm.Uniform('s',0,1.0E+2)
8    beta=pm.Normal('beta',0,1.0E+2)
9    r=pm.Normal('r',0,s,shape=len(Y))
```

y	0	1	2	3	4	5	6	7	8
id	1074	691	459	137	315	192	402	830	950

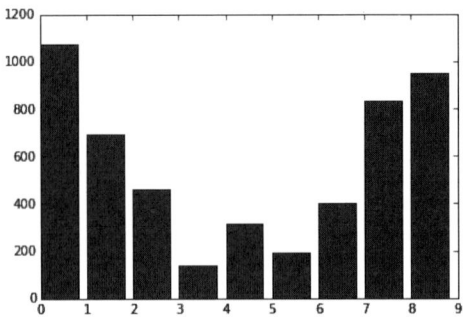

図4―個体差と生存種子数 y。

```
10  q=invlogit(beta+r)
11  y=pm.Binomial('y',8,q,observed=Y)
12
13  step = pm.Slice([s,beta,r])
14  trace_hier = pm.sample(10000, step)
```

3行目で invlogit の計算を関数として定義しています。PyMC3 では Theano のテンソルを用いて複雑な関数もモデルに取り込むことができます(これは Stan の transformed parameter と一部 integrate_ode による関数定義に相当します)。

また定義した関数にデコレータ @theano.compile.ops.as_op を付けることで機能に制限はありますが、theano でコンパイル可能にすることができます。

ここで個体ごとのばらつきを表すものとして入れた変数 r はデータ Y の数だけありますが、それを引数 shape を用いて指定しています。一方、beta は個体間で共通の変数ですが、invlogit では次元の違うこの2つの量を足し合わせています。このような記述は numpy では可能となっており、shape という引数の名前も含めて踏襲しています。

結果は以下のようになります(図5)。

```
1  with model_hier:
```

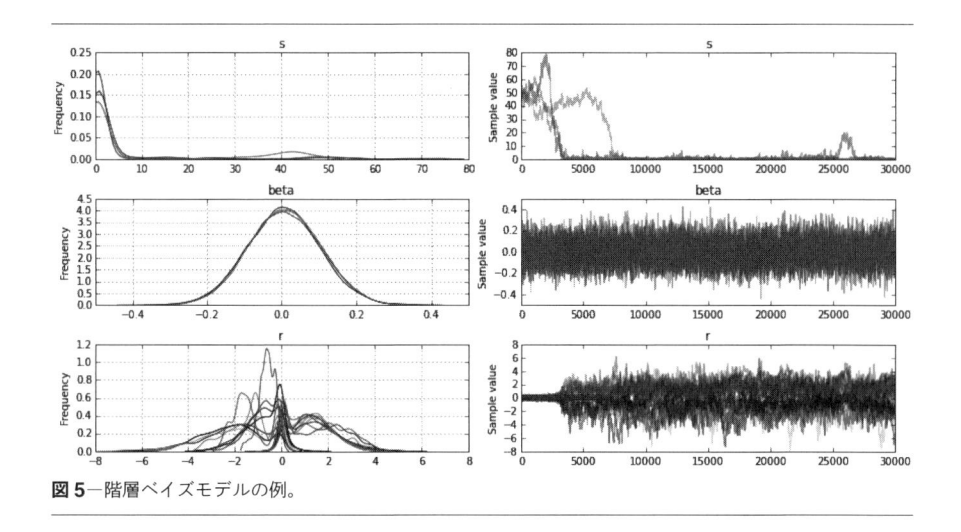

図5 －階層ベイズモデルの例。

```
2  pm.traceplot(trace_hier,model_hier.vars)
```

3 ［例題3］離散変数のサンプリング

NUTS を含むハミルトンモンテカルロ法は変数を積分する処理があるので，離散的な変数に対しては用いることができません。PyMCではMetropolis法を使用することで離散的な変数を含むモデルを計算することができます。本家のリポジトリでは disaster model というイギリスの炭鉱事故の件数の datasest を使った例が紹介されています[2]。

このデータは図6のようにばらつきは大きいものの40年目を境に件数が減少する傾向が見られるので，それを取り出すようなモデルを考えることができます。

```
1  disasters_data = np.array([4, 5, 4, 0, 1, 4, 3, 4, 0, 6, 3, 3, 4,
         0, 2, 6, 3, 3, 5, 4, 5, 3, 1, 4, 4, 1, 5, 5, 3, 4, 2, 5,
2  2, 2, 3, 4, 2, 1, 3, 2, 2, 1, 1, 1, 1, 3, 0, 0,
3  1, 0, 1, 1, 0, 0, 3, 1, 0, 3, 2, 2, 0, 1, 1, 1,
4  0, 1, 0, 1, 0, 0, 0, 2, 1, 0, 0, 0, 1, 1, 0, 2,
5  3, 3, 1, 1, 2, 1, 1, 1, 1, 2, 4, 2, 0, 0, 1, 4,
6  0, 0, 0, 1, 0, 0, 0, 0, 0, 1, 0, 0, 1, 0, 1])
```

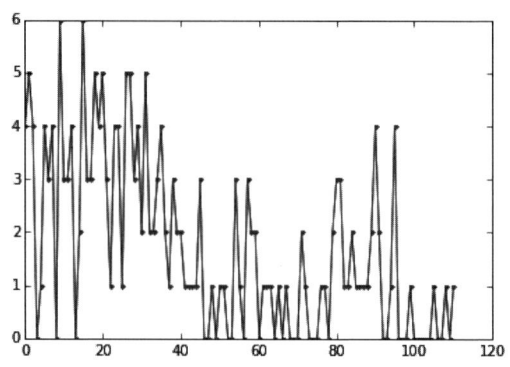

図6－イギリスの炭鉱事故数の移り変わり。

```
7  years = len(disasters_data)
8  plt.plot(disasters_data,".-")
```

```
1   with pm.Model() as model_disaster:
2       switchpoint = pm.DiscreteUniform('switchpoint', lower=0, upper=
            years)
3       early_mean = pm.Exponential('early_mean', lam=1.)
4       late_mean = pm.Exponential('late_mean', lam=1.)
5       idx = np.arange(years)
6       rate = pm.switch(switchpoint >= idx, early_mean, late_mean)
7       disasters = pm.Poisson('disasters', rate, observed=
            disasters_data)
8   n=1000
9   with model_disaster:
10      start = {'early_mean': 2., 'late_mean': 3.}
11      step1 = pm.Slice([early_mean, late_mean])
12      step2 = pm.Metropolis([switchpoint])
13      trace_disaster = pm.sample(n, tune=500, start=start, step=[step1
            , step2], progressbar=False)
```

このモデルでは指数分布で表現される事故数の傾向を途中で変わるものとして，その母数を early_mean, late_mean としています．変化が起きる時点を離散確率変数 switchpoint で表し，関数 switch では switchpoint の値より小さい index

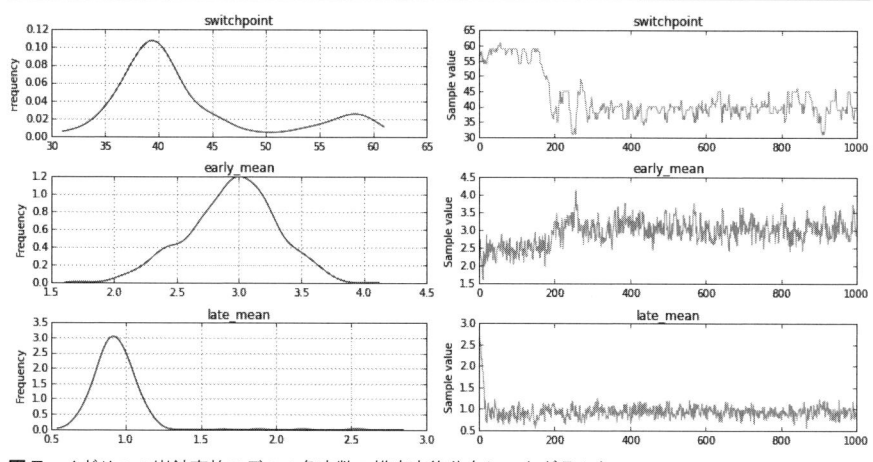

図7―イギリスの炭鉱事故モデルの各変数の推定事後分布ヒストグラムとtrace。

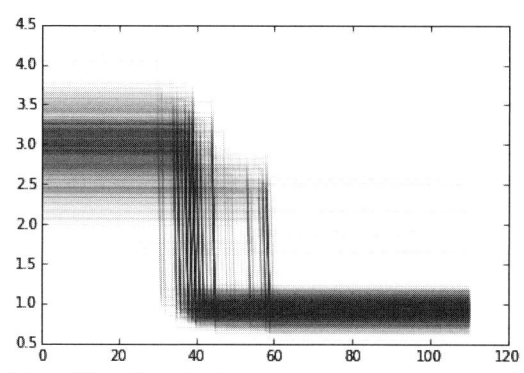

図8―推定されたイギリスの炭鉱事故の変化の傾向。

の場合はearly_mean，大きなindexの場合はlate_meanを選択することでポアソン分布の母数となる変数rateを指定しています。このような場合，現在のPyMCの実装ではnd MAPではなくMCMCの初期値を指定する必要があるようです。サンプリングの結果は以下のようになります(図7)。

```
1  with model_disaster:
2      pm.traceplot(trace_disaster,model_disaster.vars)
```

結果をサンプルの重ね書きで可視化すると以下のようになります(図8)。

```
1  for i in xrange(len(trace_disaster[early_mean])):
2    e=trace_disaster[early_mean][i] l=trace_disaster[late_mean][i]
3    s=trace_disaster[switchpoint][i]
4    v=[e if(y<s ) else l for y in xrange(years)]
5    plt.plot(range(years),v,alpha=0.03,c='blue')
```

4 まとめ

Pythonの柔軟な記述スタイルとTheanoを用いたコンパイルによる高速化が両立したPyMCはPythonの多彩なライブラリと統合して利用できる点も含めて高い利便性を持っています。PyMC3はオープンソースでの発展途上にあります。Pythonの記述に慣れればコードを追うのは難しいことではなく，Githubで自分のプロジェクトとして分岐(fork)させ，改変，公開することもできて気軽に開発に携わることもできます。

1——TheanoはGPUを使用することもできますが，MCMCのサンプリングをGPUで計算できるようには現時点ではなっていません。
2——https://github.com/pymc-devs/pymc/blob/master/pymc3/examples/disaster_model.py

(わたなべ・よしのり)

(81ページのパズルの答え)

(a)

7	8	1	4	5	9	2	6	3
3	6	5	2	1	8	7	9	4
4	2	9	6	7	3	1	8	5
1	9	6	3	4	2	5	7	8
5	3	4	8	6	7	9	2	1
8	7	2	1	9	5	3	4	6
6	5	3	9	2	4	8	1	7
9	1	7	5	8	6	4	3	2
2	4	8	7	3	1	6	5	9

(b)

9	7	8	1	3	5	2	4	6
1	3	6	8	2	4	5	7	9
5	4	2	9	6	7	3	1	8
6	1	9	2	4	3	8	5	7
3	5	4	7	8	6	1	9	2
2	8	7	5	1	9	6	3	4
7	6	5	3	9	2	4	8	1
4	9	1	6	5	8	7	2	3
8	2	3	4	7	1	9	6	5

MCMC ソフトウェアの比較

松浦 健太郎

	自分で実装	MCMCpack (R)	WinBUGS/OpenBUGS (BUGS)	JAGS (BUGS)	Stan (BUGS 似)	PyMC (Python)	Infer.NET (C#, F#)	MCMC proc (SAS)
汎用性	×	△	○	○	○	○	○	○
バグの入りにくさ	×	○	○	○	○	○	○	○
エラーメッセージの読みやすさ	—	○	×	△	△	○	○	○
高速な MCMC	◎	○	○	○	◎	△	*1	○
変分ベイズ	◎	—	—	—	*2	—	○	—
マニュアルや例の充実度	—	△	○	△	◎	△	○	○
開発頻度	—	△	×	△	◎	○	△	○
備考			*3		*4		*5	*6

*1 共役事前分布のみしか使えず，使いづらいので×。*2 実装されたばかり。
*3 空間構造を簡単に扱えるプラグインが含まれています。
*4 離散パラメータが使えません。*5 商用利用不可。*6 有料。

◎・○・△・× は Web などで得られている情報や経験に基づいて筆者の主観で判断したものです。筆者の推奨は，はじめは JAGS，収束しづらい場合は Stan，SAS を使っている人には MCMC proc，データやパラメータが非常に多い場合は変分ベイズが使えるもの，問題に長く取り組む場合は自分で実装です。

（まつうら・けんたろう）

[特集]ベイズ推論とMCMCのフリーソフト

時間・空間を含むベイズモデルのいろいろな表現形式

伊庭幸人(統計数理研究所)

　WinBUGSやStan，R言語の各種のパッケージなど，ツールの勉強からモデリングの世界に入った人の次の一歩は，統計モデルのいろいろな表現の仕方の関係を理解することだろう．

　本や資料を読んでも，それぞれはひとつのやり方だけを解説していることが多いので，相互の関係の部分のみを取り出して効率よく学ぶのは，意外と難しいかもしれない．ここでは，表現形式の間の相互関係にしぼって簡単にまとめたものを書いてみた．

　いろいろな表現形式の関連を知ることで，異なる種類のツールで出した結果を比較してチェックしたり，最適のツールを選ぶことができるようになる．たとえば「Rのdlmパッケージで出した結果とJAGSを使ってMCMCで計算した結果を比較する」といったことができると便利である．この例では，前者はMCMC特有の収束の問題を免れているが，モデルの拡張性では後者が優れているので，相補的に運用することが可能である．また，BUGS言語から出発すると，なんでも条件つき分布による表現で考えがちになるが，マルコフ場モデルなどに馴染んでおくことも，先に行って役立つと思う．

1　4つの表現形式

　ここで取り上げる4種類の表現形式とは，
（1）　状態空間モデルによる表現
（2）　条件つき分布による表現

（3） マルコフ場モデルによる表現
（4） Full Conditional による表現

である．(1)と(2)は内容はほとんど同じだが，見かけが大きく違うので項目を分けた．(2)の条件つき分布による表現のことをベイジアンネットワークと呼ぶこともある．また，最初にモデルを書き下す手段としては最後の(4)は推奨しない．(4)からは，全変数の同時分布がダイレクトに書き下せないからである．

この解説では，本巻の伊東氏の解説でいう「ローカルレベルモデル」，あるいは，それと等価な「1階階差についての正規分布を事前分布に用いたモデル」を主な例として，上の4種類の形式の間の変換と使い分けを説明したい．実際には，2階階差を使ったトレンドモデルのほうが，データをうまく表現できる場合も多いが，ページ数の関係でちょっとしか触れられなかった．

以下，まずは1次元の場合に，形式(1)から(4)の順に説明し，そのあと2次元の空間問題では，(3)のマルコフ場モデルの形式が便利だということを示す．

2 モデリングとは同時分布を書き下すこと

個々の解説に入る前に，まず最初に強調しておきたいのは

　　ベイズモデルは全変数の同時分布で決まる

ということである．特集の冒頭の解説では「ベイズ推論とは事後分布を求めること」と説明したが，少し複雑なモデルで事後分布を求めるには

　　同時分布を書き下してから，それを推定したいものについての確率の和
　　（連続量の場合は確率密度関数の積分）が1になるように正規化しなおす

というやり方が有効である．

素材が条件つき確率分布であっても，「確率の対数」であっても，そこから組み立てる目標は「同時分布」であるということをきちんと押さえるだけで，理解度がかなりあがると思う．以下では，形式(2)と形式(3)については同時分布の式を直接書き下し，形式(1)は形式(2)と，形式(4)は形式(3)とそれぞれ対応づけることで，相互の関係を示そう．

3 状態空間モデルによる表現［形式(1)］

まず，時系列でよく使われる**状態空間モデル**からはじめよう。状態の系列を $\{x_i\} = \{x_1, x_2, \cdots, x_N\}$，データを $\{y_i\} = \{y_1, y_2, \cdots, y_N\}$ とする。時系列の場合，i は時刻を示すが，今後の展開を考えて，記号を t でなく一般性のある i とした。欠測値があってもよいのが状態空間モデルの利点だが，以下では簡単のためにすべての時刻でデータのある場合を考える。

状態空間モデルでは，x_i という「隠れた状態」がシステム雑音 η_i を含むシステム方程式にしたがって確率的に発展し，それに観測雑音 ϵ_i が加わった結果 y_i が観測される，と仮定する。「ローカルレベルモデル」の場合に，これを式であらわすと

$$x_{i+1} = x_i + \eta_i$$
$$y_i = x_i + \epsilon_i$$

となる。ここで，η_i と ϵ_i は，期待値がゼロで分散が s^2, σ^2 の正規分布から，時刻 i ごとに独立に生成されるとする。モデルを完全に定義するには，このほかに初期値 x_1 の事前分布が必要である。以下では，十分大きな r^2 を与えて，x_1 は期待値がゼロで分散が r^2 の正規分布から選ばれたと仮定する。

線形の状態空間モデルに対して有効なアルゴリズムが**カルマンフィルタ**であり，x_i や y_i が高次元のベクトルになる場合でも高速に推定を行うことができる。MCMC と異なる点は，状態 x_i については周辺事後分布を算出することができるが，s^2, σ^2 のようなモデルのパラメータについては事後分布のひろがりを無視した推定(点推定)を行うことである。

R には dlm, KFAS など，カルマンフィルタのパッケージが複数ある。これらでは状態空間モデルの形式を前提としたモデルの指定を行う。一般には $x_i, y_i, \eta_i, \epsilon_i$ はベクトルになるので，それらの関係をあらわす行列を与えてモデルを指定するが，ローカルレベルモデルについては，dlm なら dlmModPoly(), KFAS なら SSMtrend() というラッパー関数を使えばよい。

4 条件つき分布による表現［形式(2)］

形式(2)では，上と同じモデルを，状態の間の移動をあらわす条件つき密度

$$p(x_{i+1}|x_i) = \frac{1}{\sqrt{2\pi s^2}} \exp\left(-\frac{1}{2s^2}(x_{i+1}-x_i)^2\right) \tag{1}$$

および，測定のときの誤差をあらわす条件つき密度

$$p(y_i|x_i) = \frac{1}{\sqrt{2\pi\sigma^2}} \exp\left(-\frac{1}{2\sigma^2}(y_i-x_i)^2\right) \tag{2}$$

で表現する．初期値 x_1 の事前密度 $p(x_1)$ は，前の節の設定に従うと，

$$p(x_1) = \frac{1}{\sqrt{2\pi r^2}} \exp\left(-\frac{x_1^2}{2r^2}\right) \tag{3}$$

となる．

式(1)を導くには，$x_{i+1}=x_i+\eta_i$ を $\eta_i=x_{i+1}-x_i$ と移項しておいて，分散 s^2 の正規分布の確率密度関数

$$\frac{1}{\sqrt{2\pi s^2}} \exp\left(-\frac{\eta_i^2}{2s^2}\right)$$

に代入すればよい．式(2)の出し方も同様である．確率密度関数の変数変換のときは，一般には変換のヤコビ行列式を忘れないようにしなければならないが，これらの例では x_{i+1} や y_i の係数も，η_i や ϵ_i の係数も 1 なので代入だけで済む．

さらに，分散 s^2 と σ^2 についてもベイズ推定を行うことにして，その事前密度（どう選ぶかにはいろいろ議論がある）を $p(s^2), p(\sigma^2)$ とすると，全部の因子の積で定義される同時密度

$$p(\{y_i\},\{x_i\},s^2,\sigma^2) = p(s^2)p(\sigma^2)p(x_1)\prod_{i=1}^{N} p(y_i|x_i) \prod_{i=1}^{N-1} p(x_{i+1}|x_i)$$

がベイズモデルを定義することになる．また，これを $\{x_i\}$ についての積分が 1 になるように正規化しなおしたものが $\{x_i\}$ の事後密度になる．

これが**条件つき分布による表現**である．状態空間モデルの用語でいう観測雑音 $p(y_i|x_i)$ がデータ y_i の尤度関数に，システム雑音 $p(x_{i+1}|x_i)$ と $p(x_1)$ をすべて掛け合わせたものが状態 $\{x_i\}$ の事前分布に対応することがわかる．

この表現に対応する**有向グラフ**は図 1 のようになる．有向グラフについてはここでは詳しく説明しないが，見てのとおり，仮定したモデルのもとで，ある変数の値を決めるのに，どの変数の値を参照するかが表現されている．確率分布を表現するには矢印をたどって元に戻らないグラフ（ループのないグラフ）に制限す

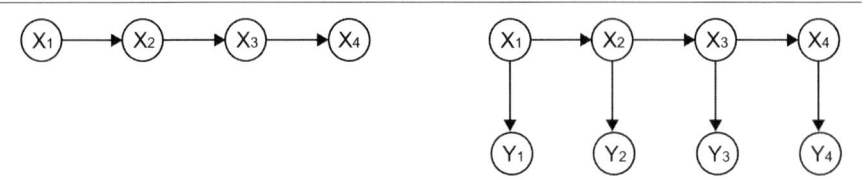

図1―有向グラフ。条件つき分布で指定された変数の間の関係を矢印であらわしたもの。左はシステム方程式の部分のみ(事前分布)，右はデータも含めた同時分布にそれぞれ対応する。

るのが便利で，それを**有向非巡回グラフ**(**DAG**)と呼ぶ。

WinBUGS, OpenBUGS, JAGS などの BUGS 言語を用いる MCMC ソフトウェアは条件つき分布による表現によってモデルをあらわすことを前提にしている。Stan でもそういう書き方ができるが，すぐあとで述べるように，むしろマルコフ場モデルに親近性がある面がある。

5 マルコフ場モデルによる表現[形式(3)]

一般に，**マルコフ場による表現**では，同時密度の対数

$$U(x_1, x_2, \cdots, x_N) = -\log p(x_1, x_2, \cdots, x_N)$$

を任意の式で表現する。正規分布(ガウス場)の場合は，$\{x_i\}$ の2次式の和であらわすことになる。$-U$ は Stan でいう log probability に相当する。また，統計物理とのアナロジーでいえば，U がエネルギーで，それから定義される分布が温度1のギブス分布(カノニカル分布)に対応する。

以下，1次元のローカルレベルモデルの場合を説明するが，しばらくの間，分散 s^2 と σ^2 は既知の定数としよう。すると，$\{x_i\}$ の事前分布のマルコフ場による表現は

$$p(x_1, x_2, \cdots, x_N) = \frac{\exp(-U_1(\{x_i\}))}{Z_1(s^2)}$$

$$U_1(\{x_i\}) = \frac{1}{2s^2} \sum_{i=1}^{N-1} (x_{i+1} - x_i)^2 + \frac{x_1^2}{2r^2}$$

$$Z_1(s^2) = \left(\sqrt{2\pi s^2}\right)^{N-1} \times \sqrt{2\pi r^2}$$

となる。U_1 で本質的なのは第1項で，$x_1^2/2r^2$ は初期値の事前分布(3)に相当する部分である。

同様に，観測雑音ないしデータの尤度をあらわす部分は，

$$p(y_1, y_2, \cdots, y_N | x_1, x_2, \cdots, x_N) = \frac{\exp\left(-U_2(\{y_i\}, \{x_i\})\right)}{Z_2(\sigma^2)}$$

$$U_2(\{y_i\}, \{x_i\}) = \frac{1}{2\sigma^2} \sum_{i=1}^{N} (y_i - x_i)^2, \quad Z_2(\sigma^2) = \left(\sqrt{2\pi\sigma^2}\right)^N$$

と書ける．

全部をまとめると，同時密度は

$$p(y_1, y_2, \cdots, y_N, x_1, x_2, \cdots, x_N) = \frac{\exp\left(-U(\{y_i\}, \{x_i\})\right)}{Z_1(s^2) Z_2(\sigma^2)}$$

$$U(\{y_i\}, \{x_i\}) = U_1(\{x_i\}) + U_2(\{y_i\}, \{x_i\}) \tag{4}$$

となり，これを $\{x_i\}$ についての積分が 1 になるように正規化しなおしたものが $\{x_i\}$ の事後密度である．

上の中身をよくみると「条件つき分布による表現」の各項を掛け合わせて，書き直しただけであるが，あとでみるように，2 次元以上では大きな違いが出てくる．すでに 1 次元の段階でも，条件つき分布での表現と異なり，外見上「左右」の区別がない形（x_{i+1} と x_{i-1} について対称な形）にあらわされていることに注意しよう．条件つき分布による表現が有向グラフと結びつくのに対し，マルコフ場モデルによる表現は**無向グラフ**による表現と相性がよい．

また，このように書いてみると，x_i は時系列でなくてもよいことがわかる．たとえば，x_i が離散化された空間座標 i の上で定義された状態で，y_i は i で測定されたデータだという解釈もできる．これを見越して，最初から添え字を t でなく i としておいたのである．こうして，次の項でみるような空間の CAR モデルとのつながりが出てくる．さらにいえば，i は「薬の投与量」「装置への入力」のような説明変数の値を離散化したもの，x_i は「薬の効果」「装置からの出力」のような目的変数の値だと考えることもできる．そうすると，同じ式が**ガウス過程**（**GP**）を用いた回帰と解釈できる．

なお，空間問題や回帰の場合は，一方の端の x_1 に事前分布を仮定するより，全体の平均値（重心）などに仮定したほうが自然かもしれない．そういう設定もマルコフ場では容易に表現できる．

ここまでは，分散 s^2, σ^2 を既知とした．これらもベイズ推定する場合は，適当な事前密度 $p(s^2), p(\sigma^2)$ を与えて，s^2, σ^2 を含めたパラメータの事後密度から MCMC でサンプリングすればよい．このとき，正しい結果を得るには事後密度の式に $Z_1(s^2)$ と $Z_2(\sigma^2)$ を含めるのを忘れてはいけない．これらの因子は，$\{x_i\}$ だけの事後密度を考えるときは，同時密度(4)を $\{x_i\}$ について正規化する過程で分母分子で打ち消し合うが，分散 s^2, σ^2 のベイズ推定には必須である．

6　Full Conditional による表現［形式 (4)］

　CAR モデル(Conditional AutoRegressive model)では，各変数について，それ以外のすべての変数の値を固定した条件つき分布(full conditional と呼ぶ)を与えることで，モデルを指定する．たとえば，われわれが論じてきた 1 次元のローカルレベルモデルの事前分布については，i が両端の点でないときは，

$$p(x_i|x_{-i}) = \sqrt{\frac{2}{2\pi s^2}} \exp\left\{-\frac{2}{2s^2}\left[x_i - \frac{1}{2}(x_{i-1}+x_{i+1})\right]^2\right\} \tag{5}$$

となる．ここで，$p(x_i|x_{-i})$ の x_{-i} という記号は「i 以外のすべて」の意味で，統計ではよく使われる．いまのモデルは 1 次元で両隣としか直接関係していないので，実際には x_{i-1} と x_{i+1} の 2 つで条件づければ十分である（端では 1 つになる）．上の式の導出は付録に示した．

　上の式で [ ] の中の式を 2 倍してからマイナスを付けると，

$$x_{i+1} - 2x_i + x_{i-1}$$

となる．これは 2 階の階差である．状態空間モデルによる表現，条件つき分布による表現，マルコフ場による表現のいずれでも，1 階の階差だったのに，対応する full conditional あるいは CAR モデルでは出世して 2 階階差になるのである．

　では，最初から，2 階階差のトレンドモデル

$$p(x_1, x_2, \cdots, x_N) = \frac{1}{Z_1(s^2)} \exp\left(-\frac{1}{2s^2} \sum_{i=2}^{N-1}(x_{i+1}-2x_i+x_{i-1})^2\right) p(x_1, x_2)$$

だったらどうなるか（$Z_1(s^2)$ はこの分布の正規化定数で前出の $Z_1(s^2)$ とは別もの）．この場合の full conditional は，i が両端の 2 点以外の場合に

$$p(x_i|x_{-i}) = \sqrt{\frac{6}{2\pi s^2}} \exp\left\{-\frac{6}{2s^2}\left[x_i - \frac{1}{6}(x_{i-2}-4x_{i-1}-4x_{i+1}+x_{i+2})\right]^2\right\}$$

となり，内側を6倍すると4階の階差になっている。

ここで注意しておきたいのは，複数個の full conditional を勝手に指定しても，それを満たすモデルはないかもしれないことである。また，よく勘違いする点であるが，一般に

$$p(x_1, x_2, \cdots, x_N) \neq \prod_{i=1}^{N} p(x_i|x_{-i})$$

である。これは実際に掛け算してみればわかる。

単に掛け算しても同時密度には戻らないが「もとのモデルが存在する」という条件のもとで，full conditional からもとのモデルを組織的に復元する簡単な方法は存在して，Brook's lemma と呼ばれている。しかし，それよりも，モデルは常に同時分布の式で定義し，full conditional は必要に応じて導出するほうが合理的だろう。

7 2次元への拡張

さて，モデルを2次元空間に拡張することを考える。実は，条件つき分布による表現(形式(1)，形式(2))は，これが得意ではない。以下，事情を説明しよう。

たとえば，$L \times L$ の正方格子 G の上に，ローカルレベルモデルに対応するものを定義したいとする。しかし，条件つき分布を使う限り，DAG の矢印に相当する「生成の方向」がある。たとえば，図2(左)のようにしたら，と思うかもしれないが，これではなかなか思うようにならない。

図2(左)の最小構成要素とみなせる図2(中)をまず説明する。この図に対応する同時密度として

$$\begin{aligned} p(x_1, x_2, x_3) &= p(x_3|x_1)p(x_3|x_2)p(x_1)p(x_2) \\ p(x_3|x_1) &= \frac{1}{\sqrt{2\pi s^2}} \exp\left(-\frac{1}{2s^2}(x_3-x_1)^2\right) \\ p(x_3|x_2) &= \frac{1}{\sqrt{2\pi s^2}} \exp\left(-\frac{1}{2s^2}(x_3-x_2)^2\right) \\ p(x_1) &= p(x_2) = 大きな分散の正規分布 \end{aligned} \quad (6)$$

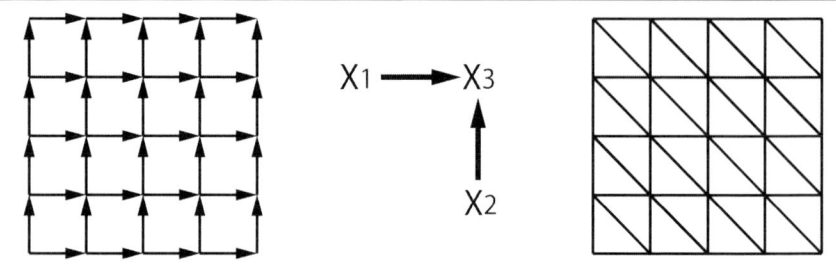

図2―左：矢印をつけてみた(有向グラフ)。中：3つの場合。右：対角線が入った(無向グラフ)。

のようなものを考えるかもしれない。しかし，式(6)は x_1, x_2, x_3 について積分しても1になっておらず，同時密度として落第である。

上の $p(x_3|x_1), p(x_3|x_2)$ を使って

$$p(x_3|x_1, x_2) = \frac{p(x_3|x_1)p(x_3|x_2)}{\int p(x_3|x_1)p(x_3|x_2)dx_3}$$

として，$p(x_3|x_1, x_2)p(x_1)p(x_2)$ を考えれば，正しく正規化されていることになるが，こんどは，この式で定まる条件つき密度は

$$p(x_3|x_1, x_2) = \sqrt{\frac{2}{2\pi s^2}} \exp\left\{-\frac{2}{2s^2}\left[x_3 - \frac{1}{2}(x_1+x_2)\right]^2\right\} \quad (7)$$

となり，対角線の x_1 と x_2 の積の項を含むことになる。

もともとの図2(左)に戻って，条件つき密度の対数に含まれる項に対応する線を引いた図(実はこれが無向グラフである)を描くと，図2(右)のようになり，対角線の一方の項は含むがもう一方は含まない，というモデルになる。逆に，次の節の式(8)のような方向性のないモデルを条件つき分布で定義しようとすると非常に複雑になってしまう。

なお，条件つき密度(7)の導出は，定義どおりやればできるが，実は既出の式(5)の導出とまったく同じで，これは付録で実行ずみである。具体的には，$x_{i-1} \Leftrightarrow x_1, x_{i+1} \Leftrightarrow x_2, x_i \Leftrightarrow x_3$ と対応させればよい。

8 マルコフ場なら2次元もOK

これに対して，マルコフ場による表現(形式(3))では，矢印であらわされる

「方向」がないので「隣接する格子点でx_iが近い値を取る」という事前情報をストレートに表現することができる(正方格子の場合，端以外の各点には4つずつ隣接格子点がある)．格子点の総数を$N=L^2$として

$$p(x_1, x_2, \cdots, x_N) = \frac{\exp(-U_1(\{x_i\}))}{Z_1(s^2)}$$

$$U_1(\{x_i\}) = \frac{1}{2s^2} \sum_{(i,j) \in G} (x_i - x_j)^2 \quad (8)$$

と書けばよいのである．ただし，和$\sum_{(i,j) \in G}$は，正方格子G上で隣接するあらゆるペアに関する和を意味する．この事前密度とデータの尤度から同時密度や事後密度を作るのは，前と本質的に同じなので省略する．

厳密にいうと，x_iたちに共通の定数を足してもU_1が変わらないことからもわかるように，これだけでは，正規化定数$Z_1(s^2)$が発散してしまう．1次元の場合と同様に，端や重心などに，なんらかの形で「無情報事前分布」を仮定して「ピン留め」してやる必要があるが，実際の計算ではそのことを忘れても普通は大丈夫である．

もうひとつ注意点があって，いまの場合の$Z_1(s^2)$は，個々の条件つき密度の正規化定数の積ではなく，(8)で定まる事前分布全体を巨大な多変量正規分布と考えたときの正規化定数である．巨大な多変量正規分布の正規化定数は一般に巨大な行列式になる．しかし，実は(上のピン留めの影響を除いて)

$$Z_1(s^2) = 定数 \times s^{N-1}$$

となるので，s^2の推定では，このうちのs^{N-1}の部分を使えばよい．

> なお，ガウス場でない2次元以上のマルコフ場では，Z_1に相当するものは通常は解析的に求まらず，大域的なパラメータの推定をMCMCで簡単に扱うことはできない．実は，これは計算の困難さの問題だけではないのだが，詳細は略する．筆者の『ベイズ統計と統計物理』(岩波書店)の最後の部分で簡単に説明したので，興味のある方は参照されたい．

[付録] 条件つき密度の計算

正規分布の特性として分散と期待値がわかれば分布が決まるので，それを利用すると手早く計算できる．いま，1次元のローカルレベルモデルの事前分布のマ

ルコフ場による表現(形式(3))から x_i を含む部分を取り出すと

$$p(x_i|x_{i-1}, x_{i+1}) = 正規化定数 \times \exp\left[-\frac{1}{2s^2}\Big((x_{i+1}-x_i)^2+(x_i-x_{i-1})^2\Big)\right]$$

となる。まず $(x_{i+1}-x_i)^2+(x_i-x_{i-1})^2$ を x_i で偏微分してゼロとおく。正規分布では密度を最大にする変数の値(モード)と期待値が一致するので,これで分布の期待値 $(x_{i-1}+x_{i+1})/2$ がわかったことになる。

次に,もとの式から $x_i{}^2$ の係数を読み取ると $2/2s^2$ なので,分散は $s^2/2$ である。これに分散から定まる正規化定数を付ければ,式(5)となる。

(いば・ゆきと)

赤池スクールとベイズ統計
——1980年代の統計数理研究所　　　　　　　　　　　　伊庭幸人

ベイズ統計の歴史は古く 18 世紀にさかのぼるが，何回かの新しい展開を経て今日に至っている。その中で，現在の流れは，1990 年代から階層ベイズモデルと MCMC の組み合わせの有効性が認識されてから大きく拡がったものである。しかし，それに近い考え方による統計モデリングは，統計数理研究所(以下統数研と略する)の赤池弘次所長の提唱によって，1980 年代にすでに広範に研究・応用されていた。単なる輸入学問でないことを示すためにも，少しだけ宣伝しておきたい。

統数研における研究は，筆者が 1980 年代末に統計数理研究所に赴任したころが成熟期で，所内では，時系列，空間モデル，回帰，コウホート分析など，応用が花盛りだった。技術的には，(1) 1 階・2 階の階差を含む事前分布の多用，(2) エビデンス(周辺尤度)の最大化により大域的なパラメータを点推定する，という特徴がある。後者は ABIC 法と呼ばれた(大域的なパラメータ数の補正を加えてモデルを選ぶのが赤池流だが，その部分は応用上はそれほど効かないことが多い)。当時の統数研では，尾形や種村によって MCMC の統計的推定への応用が既に試みられていたが，上記の多くは最適化と行列計算だけで実装されている。文献をいくつか紹介しておく。

- バルセロナの国際会議での発表。応用例の多くは時系列解析：Akaike, H. (1980), Likelihood and the Bayes procedure, Trabajos de Estadistica Y de Investigacion Operativa, 31(1) 143-166. 状態空間モデルとしての定式化とその発展は北川の『時系列解析入門』(岩波書店)の後半を参照。
- 日本語の解説で読みやすい：田辺國士(1985), ベイズモデルと ABIC, オペレーションズ・リサーチ 30(3) 178-183.
- 現在でいうガウス過程回帰。2 次元版の続報もあり：Ishiguro, M. and Sakamoto, Y. (1983), A Bayesian approach to binary response curve estimation. Annals of the Institute of Statistical Mathematics 35(1), 115-137.
- 空間ベイズモデルの例：Ogata, Y. and Katsura, K. (1988), Likelihood analysis of spatial inhomogeneity for marked point patterns. Annals of the Institute of Statistical Mathematics 40(1), 29-39.

[掌編小説] 海に溺れて ── ① 対戦

円城 塔

　フィールドは宙に浮いたトーラスのように見える。このスケールでは。望遠側へ引いてみると，同じようなトーラスがたくさん，周囲に浮かんでいるのが見える。この可視化方式ではそうなる。

　トーラスは直交するグリッドで整然と覆われており，一つ一つの升目の中にはまた細かなグリッドがあり，以下同様に続いていく。升目のところどころには戯画化された生き物たちが配置され，つつましやかに振る舞っている。体をゆするものがあり，隣の升目と反復横跳びをしているものがある。

　ここでの主人公Aが，十字キーのついたゲームパッドを握り直す。

　彼は古典的なプレイヤーであり，最近流行の音声入力式や視線認識式のコントローラを好まない。ただ黙々と，しかし高速で十字キーを操作して，カラフルな九個のボタンをリズミカルに押し込んでいく。

　彼は勝敗の存在するゲームを好む古典的なプレイヤーであり，このあたりのスケールにはまだそういうものが存在している。今はフィールドの中にてきとうな領域を区切り，二人用の対戦場を設定したところだ。

　あらかじめ用意してきたコマンド群を使いやすいように展開しておく。コマンドは大きく，情報収集用，可視化用，命令実行用に分類される。情報収集用のコマンドでフィールドの様子を調査し，配置された生き物たちの様子を観測し，可視化用のコマンドでそれを把握しやすい形に構成する。彼の持つ可視化ソフトウェアは，祖父の代から使い込まれてきたもので，家に伝わる物の見方だ。別段，秘密なところは何もない。その気になれば誰もが，彼の利用しているソフトウェアを調べ，利用することができる。職人の持つ工具をコピーできたとして，誰もが職人になれるわけではない。紐があれば誰もが二重跳びをできるわけではなく，逆上がりにだってコツは要り，ゲームには上手い下手がある。

　およそ五千万の生き物たちが，彼がこのゲームで操る駒た

ちだ。おおよそ彼の居住する関東広域圏の人口に匹敵する規模である。

　コントローラを素早く操り，コマンドを細かく調整していく。対戦はリアルタイムで行われるが，駒たちには最低限の自発性しか備わっていない。せいぜい，短い周期を持つ繰り返しを実行できるにすぎない。それぞれのプレイヤーは，机上演習のようにして，一つ一つの駒たちに命令を出す必要がある。長い棒で一つ一つの駒を突いて回る必要があり，次に何をするべきなのかいちいち指示してやらねばならない。

　そのくせ，一つ一つの駒たちには巨大な自由度が与えられている。はなはだしくは気分と呼ばれるパラメータを複数持つ。移動し，ひっかき，かみつき，火を吐くだけではなくて，言語的な相互作用も可能だ。自分から積極的に話すことはしないが，他の駒が発した言葉は受理して，自分の内面を書き換えていく。それによって移動速度も変わるし，催眠攻撃の強度も変わる。

　情報を細かく検討し，ゆっくりと指示を出していくのか，一つの駒に詳細な指示を与えていくかはプレイヤーの性格次第だ。コマンドを工夫することにより，複数の駒に別の命令を同時に下すこともできる。当然，際限なく入り組んでいきがちなコマンドを記述する時間が増大するという問題は起こる。

　プレイヤーたちには多くの流儀が存在する。大きくは，平衡派と非平衡派と呼ばれる。前者は折り目正しくマクロパラメータを操り，後者は己が腕と直観に頼りがちである。一般に前者は整然とゲームを運び，後者はとんでもない混乱を呼ぶことが多い。

　この主人公Ａは非平衡派に属しており，中でもその最左翼にいる。彼の採用する戦略は他人からは出鱈目にしか見えないが，それでもかなりの勝率を誇る。勝率五十二パーセントは，この業界において驚異的な数字である。

　「さあ，いけ」と彼は言う。コントローラを操作しながら，自ら命名したコマンド名を呟いている。「民主化運動」。

　そのコマンドはたちまち入り組んだコマンド群に展開されて，フィールド上の生き物たちにさざ波が走る。フィールドのどこか，緑色の光る線で描かれた一匹の生き物が立ち止まり，先方の指令に従いこちらへ向けて前進を開始した装甲車の集団へ向け，笑顔で手を振りはじめる。その場を離れようとする大勢の仲間たちの流れに逆らい，ゆっくりと前に進んでいく。

　データを仔細に検討すればこの生き物の行動はちゃんと記録されているはずだった。しかしプレイヤーは二人ともこの生き物には気づかなかったし，気づいたとしても二人の発するどの命令がこの生き物にその行動をとらせているのか，因果を追跡することはとても叶いそうになかった。

（えんじょう・とう）

[話題]
脳とディープニューラルネットワーク
視覚情報の復号化

林 隆介（産業技術総合研究所）

　みなさんは，「どうして，ものが見えるのだろう」と考えたことはないだろうか？　普段，いとも簡単に目の前にあるものが何かを認識することができるため，なにも難しい問題がないように感じられる．しかしながら，ものは常に同じ場所にあるわけではなく，見る角度や距離が変われば，目に映る像としては大きく変化する．さらに周囲の照明条件が変化すれば，色彩や陰影が大きく変わる．あるいは，他のものに遮蔽されて，部分的にしか見えなかったりもする．それでも，われわれは，それが何であるか，（多くの場合）すぐに認識することができる．しかも，認識しなければならない対象は1つではない．それこそ多種多様なものを正確に認識しながら日々生活をしている．さらに，今まで一度も見たことのないものであっても，それがどのようなものかは，すぐに察しがつく．初めて会った人でも，それが「人間」であることがわかるように．

　こうして考えると，物体認識という難しい問題を簡単に解いている，人間の視覚情報処理能力こそが驚きであることに気づく．その情報処理を担うのが，1000億個とも言われる多数の神経細胞が互いに結合し合ったネットワークから成る，われわれの脳である．

　視覚情報から物体を認識する問題を研究する際，2つのアプローチがある．1つは，画像を見ているとき，脳や神経細胞がどのように反応するかを調べることによって，物体認識のメカニズム解明を目指す，神経科学的アプローチ．もう1つは，コンピュータに画像を入力し，その画像が何であるかを認識させるアルゴリズムを研究するコンピュータ・ビジョンによるアプローチである．神経科学とコンピュータ・ビジョンは，目的に応じて，互いの知見を利用しあいながら，研究を進めている．

図1—大脳皮質における視覚物体情報処理のながれとアレイ型微小電極の埋め込み位置。

V1: 一次視覚野
V2: 二次視覚野
V4: 四次視覚野

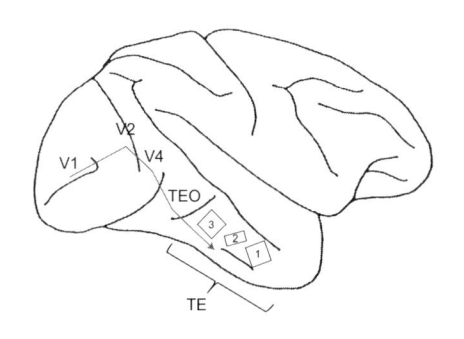

　本稿では，主に神経科学の立場から，脳の視覚物体認識処理について解説したのち，現在，コンピュータ・ビジョンで大きな成功を収めている deep neural network(以下 DNN)とよばれる多段の階層から成るニューラルネットを用いた手法が，脳の情報処理を理解するうえでも有効であることを紹介する。そして，多数の神経細胞群の活動と視覚入力との対応関係を，DNN を介して解析すれば，神経情報から今見ているものを極めて正確に推定できるなど，SF のような技術が実現できることを示したい。

脳の視覚情報処理

　それではまず，脳における視覚情報処理のながれを簡単にではあるが，順を追って説明していこう。網膜に投影された物体像は，視細胞によって電気信号に変換され，脳の後頭部にある一次視覚野(V1 野)という領域に送られる。電気信号を受けとった神経細胞は，つぎつぎに他の神経細胞へと電気信号を伝送するが，その過程で，入力信号に独自の重み付けをし，次に伝える電気信号を変えることで，情報処理を進めていく。視覚情報には，色や形，動き，奥行きなど，さまざまな属性が含まれるが，それぞれの属性は，異なる経路で処理されていく。色や形など物体認識に関連する情報は，一次視覚野のあと，主に二次視覚野(V2 野)，四次視覚野(V4 野)，TEO 野，TE 野とよばれる側頭葉に沿った脳領域を経由しながら，階層的に処理されていく(図1)。

　一次視覚野の神経細胞は，視野のある決まった範囲(受容野)にある画像からしか，入力を受けない特性をもつ。細胞それぞれの受容

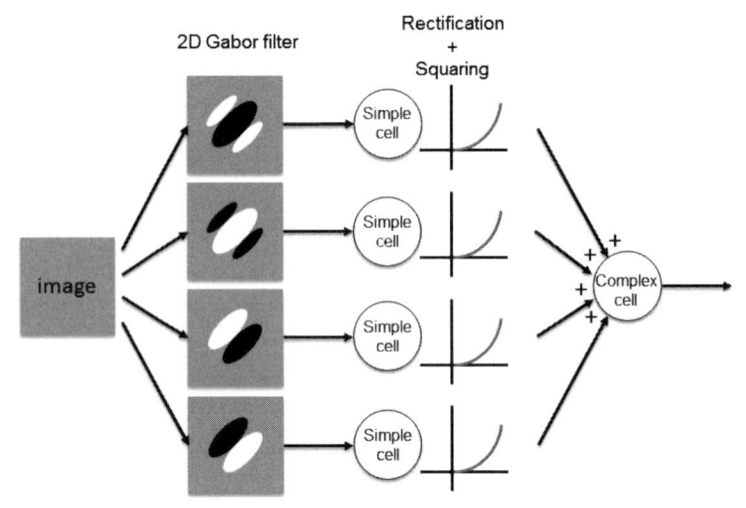

図2 ――一次視覚野の単純型細胞と複雑型細胞の情報処理モデル.

野は重なり合いながら,視野全体をカバーすることで,網膜像の位相関係を再現したマップを構成している.そして,受容野に,ある特定の角度に傾いた線分のようなパターンが入ったときだけ電気的に応答する(Hubel & Wiesel, 1959, なお,本文で参照される文献については岩波データサイエンスのウェブサイトにあるサポートページで詳細を紹介する).

このような一次視覚野における情報処理は,入力画像に対する二次元のガボールフィルタ・バンクによる畳み込み演算としてモデル化できる.ガボールフィルタとは,sin/cos 関数とガウス関数の積で表され,それを二次元に拡張したフィルタは,ある傾きと空間スケールと位相をもったパターンを検出する働きをもつ(図2の単純型細胞のモデル参照).一次視覚野は,さまざまな傾きやスケールに応答するガボールフィルタの集合(バンク)がいくつもあり,それぞれのフィルタ・バンクが画像の決まった領域を並列的に処理しているととらえることができるわけである.一次視覚野の神経細胞には,受容野内に特定の傾きをもつパターンさえあれば,その位置によらず反応する細胞もある.こうした位置不変な細胞の応答は,ガボールフィルタ出力を統合することで,定量的にモデル化できることが知られている(図2の複雑型細胞のモデル参照, Adelson & Bergen, 1984; Ohzawa et al., 1990).

一方，二次視覚野以降の情報処理については，極めて断片的な理解しか得られていない。二次視覚野の神経細胞は，2つの線分のなす角度や曲率に選択性をもつという報告(Ito & Komatsu, 2004)や，画像の図(前景)と地(背景)を判別するのに必要な，線分の境界属性に関わる情報を符号化しているとする報告(Zhou et al., 2000)がこれまでなされてきた。より定量的なモデルに基づく最近の研究としては，画像のテクスチャ(ガボールフィルタ間の局所相関で表現される単純な画像特徴の周期性)情報を符号化しているという論文が発表されているが(Portilla & SimonCelli, 2000; Freeman et al., 2013)，二次視覚野の情報処理を十分に記述しつくしているとは言いがたい。四次視覚野になると神経細胞が応答する画像パターンがさらに複雑になる。そして，非常に困ったことに，実験者が検証に利用した画像セットに依存して，情報処理の意味づけも変わってしまう(Gallant et al., 1996; Pasupathy & Connor, 2002)。(ただし，四次視覚野の色情報処理については，もう少し確立した知見がある。)

　TE野までいくと，顔や手など，特定の物体カテゴリに選択的に応答する神経細胞が見つかるようになる(Desimone et al., 1984)。神経細胞の応答は，われわれが普段おこなうカテゴリ分類に対応しているようであり(Kiani et al., 2007)，物体認識処理が完了し，どんな物体かを明示的に符号化しているようにもみえる。TE野の脳表面には，似た複雑形状に反応する神経細胞がある程度まとまりをもって，パッチワーク状に分布している(Fujita et al., 1992；Tsunoda et al., 2001)のも特徴である。特定の物体カテゴリ，たとえば顔の情報処理に関連したヒトの脳機能活動をfMRI(機能的核磁気共鳴画像法)計測によって調べてみると，顔画像に強く応答する「顔領域」(Kanwisher et al., 1997)が側頭葉に存在することがわかっている。さらに，道具や体の部位，場所に関係する画像についても，それぞれ異なる特定の脳領域が強く応答することが知られている(Downing et al., 2001; Epstein & Kanwisher, 1998)。

　一方で，こうした個別の物体種に応答する脳領域の境界は，完全に分離しておらず，ある程度重なりをもっているのが実情である。そして，個々の神経細胞も単一の物体画像だけに応答していること

はまれである。つまり，みなさんの脳では，個別の物体(たとえば，あなたのおばあちゃん)を認識する際，「おばあちゃん細胞(Grandmother cell)」(Gross, 2002)のような単一の神経細胞によって，すべてを 1 対 1 対応で表現しているわけではない。したがって，特定の脳領域や個別ニューロンによる物体情報の符号化よりも，広い範囲の脳領域における神経細胞群の分散的な情報符号化を強調する立場も存在する(Haxby et al., 2001)。このように，物体認識のメカニズムに関して，脳部位と情報処理のおおまかな対応が明らかにされつつあるものの，依然として，定量的に情報処理を理解するに到っていない。

　二次視覚野以降の情報処理に未解明な部分が多いのはなぜだろうか？　それは，従来の神経科学の手法が，「脳はこんな情報処理をしているはずだ」と仮説を立てたうえで，事前に検証条件を設定しなければならないからである。このため，神経細胞が符号化する情報が複雑な場合には，仮説の前提条件が限定されてしまい，一般化できないことが多くなるうえ，そもそも適切な作業仮説を立てることさえ困難となる。これまでの神経科学研究は，仮説-検証をひたすら繰り返しながら，真理に近づこうと試みてきたわけだが，コンピュータ・ビジョンが物体認識の問題をどのように解くのかに目を向けることで，もう少しヒントが得られるかもしれない。とりわけ，その物体認識の実現手法が「脳を模倣している」というのであれば。

DNNによる一般物体認識

　コンピュータに物体認識をさせる(画像を入力して，そこに映っている物体を一般的な名称で回答させる)場合，画像を何か有用な特徴に基づく表現に変換したのち，SVM などの分類器にかける手法がとられる。これまでは，研究者が設定する特徴量の良し悪しが識別精度を左右するポイントとなっていた。これに対し，特徴量表現から物体の識別まで，End-to-End ですべて機械的に学習させようというのが現在のコンピュータ・ビジョン研究のトレンドである。

　それを可能にしたのが，脳の情報処理を模倣するという作戦である。これまでみてきたように，脳では，フィルタ・バンクの畳み込み演算を何段も繰り返すことにより，物体認識を実現していると考

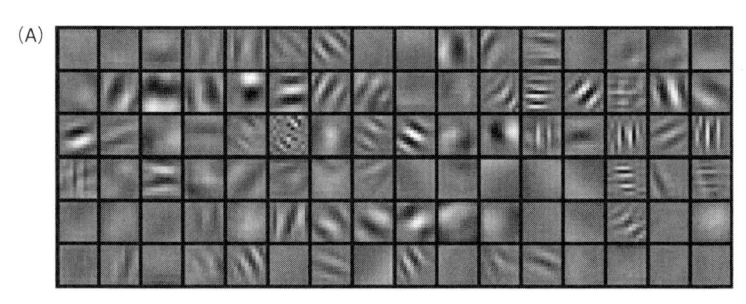

図 3―多層ニューラルネットの学習結果。A：第 1 層，全 96 個のフィルタ重みのプロット。B：第 8 層，ランダムに抽出した 20 個のニューロンが最大応答を示した上位 8 枚の画像。（カラー画像は，ウェブのサポートページを参照）

えられる。そこで，多段の階層をもつ畳み込みニューラルネットを用意し，大規模な画像データを使って，フィルタのパラメータやニューロン間の結合を学習させることにより，従来アルゴリズムよりも格段に高い精度で，物体認識ができるようになったのである（Krizhevsky et al., 2012，詳細は後述のコラム 2 と図 5 参照）。

ちなみに，ILSVRC という画像認識性能を競うコンテストが，最新のコンピュータ・ビジョン研究の動向を確認できる場となっている。このコンテストでは，ImageNet（Deng, et al., 2009）という画像データベース（の一部分）が利用される。ImageNet は，Wordnet（英語の概念辞書。単語とその関連語が登録されており，関連語どうしを結んだノードからなるネットワークをたどることで，意味上のつながりが理解できる）内の約 8 万語の名詞 1 つ 1 つについて，対応する画像を 1000 枚以上登録したデータベースで，2015 年 4 月現在，約 1200 万枚の画像が Web 上で公開されている。近年の ILSVRC では，ニューラルネットの多層化が競われており，2014 年の時点で，22 層のニューラルネッ

トの実装により，1000 種類の物体認識を 94% の精度(推定候補 top 5 中に正解が含まれる率)で実現するに至っている(GoogleNET: Szegedy et al., 2014)。

さて，神経科学者の立場からみて，多層の畳み込みニューラルネットの大きな魅力は，演算アーキテクチャが脳と似ていることに加え，学習によって獲得されるニューロンの性質と，生体の神経細胞の性質に類似性が認められることがあげられる。たとえば，最下層のニューロンのフィルタ重みをプロットすると，一次視覚野の神経細胞と同様に，さまざまな傾きや空間スケールをもつ二次元ガボールフィルタのような特性が，学習によって獲得されることが確認できる(図 3A)。さらに，最上位層のニューロンが，もっとも強く応答する画像をプロットすると，複雑で抽象的なレベルで共通特徴をもつ，特定の物体画像に反応していることがわかる(図 3B)。したがって，物体認識ができる DNN を利用すれば，脳の情報処理を理解する手がかりが得られるのではないかという期待がうまれる。

符号化モデルを用いた神経科学研究と神経情報復号化への応用

これまで紹介した神経科学研究の取り組みを，工学的にシステム同定の観点からとらえなおすと，脳からの出力(＝神経細胞の応答)が，視覚入力(＝画像)に関するどんな情報を符号化(エンコーディング)しているのか，できるだけ数学的に記述しようとする試みであったといえる。そして，実験によって得られた画像入力と神経出力をもとに，数理的な符号化モデルを構築する問題としてとらえるならば，入力から出力への多変量回帰問題として定式化することができる。この場合，モデルの妥当性は，新規の入力に対する出力予測の能力(汎化能力)によって評価されることとなる。(エンコーディングモデルを用いた神経科学研究の詳細については，(西本，2012)に日本語でわかりやすく解説されている。一読をおすすめする。)

モデル回帰のもっとも基本的な手法は，画像の輝度パターンをそのまま入力とした線形回帰であるが，この方法で記述できるのは，一次視覚野の単純型細胞までである。それより高次な視覚野の情報処理をモデル化する場合には，なんらかの非線形性を含んだ仮説を

モデルに加え，回帰を行う必要がある。よく用いられるのは，回帰自体に複雑な非線形性を入れるのではなく，入力を非線形の多次元特徴空間に投射したうえで，正則化付き線形回帰を行う手法である。この「何らかの非線形性」として，DNN が学習した特徴量表現が利用できる可能性があるわけである。

　神経応答を y，視覚入力の非線形変換表現を X，回帰係数ベクトルを β，ε を誤差とした場合，線形回帰を行うモデルは次式であらわされる。

$$y = X\beta + \varepsilon$$

訓練データとの誤差だけを最小化するようにモデル回帰すると，なるべく多くの回帰係数を使って，個々の訓練データと合致するように学習が進むあまり，未学習のデータに対しては，むしろ誤差の大きいモデルができてしまうことが多い。こうした過学習を避けるために行われるのが，学習の自由度を制約する正則化手法であり，回帰係数が大きくならないような罰則項を学習の目的関数に加えるのが一般的である。実際のモデル化の際によく用いられる L2 正則化付き回帰(リッジ回帰)とは，「誤差の二乗和」と「回帰係数の二乗和」の荷重和(ハイパーパラメータ λ)からなる以下の目的関数を最小化する β を求めることであり，

$$\min_{\beta} \|y - X\beta\|_2^2 + \lambda \|\beta\|_2^2$$

次の解析解を計算することで得られる。

$$\hat{\beta} = (X^T X + \lambda I)^{-1} X^T y$$

　さらに，神経活動をエンコーディングモデルの形で記述することは，その逆問題である復号化(デコーディング)を行うことと相補的な関係にある(Miyawaki et al., 2008; Nishimoto et al., 2011)。デコーディングでは，脳神経細胞の応答から，入力画像を推定するモデルを構築する。ベイズ推定の枠組みでは，応答 y が与えられたときの条件付き確率 $P(x|y)$ を最大にする入力 x を求める問題となり，以下を最大化する問題と置き換えることができる。

$$P(x|y) \propto P(y|x) \cdot P(x)$$

$P(y|x)$ は，入力 x が与えられたときの応答 y の条件付き確率＝

エンコーディングモデルであり，$P(x)$ は入力 x の生起する事前確率をあらわす．大規模な画像データベースからのサンプリングをもって $P(x)$ とすれば，エンコーディングモデルを用いて，神経活動データから知覚・認知体験を復元することができる．このようなデコーディング技術は，脳情報をさまざまな電子・情報・通信機器の制御に利用するブレイン・マシン・インタフェース研究の基盤技術として，発展が期待されている．

側頭葉の神経情報と DNN の比較，そして視覚体験の復元へ

　側頭葉の情報処理をモデル化する場合，DNN のどの階層の特徴量表現をつかってモデル回帰すればよいのだろうか？　また，モデル回帰に有効な特徴量表現がわかれば，神経活動データからどこまで入力画像が復号化できるのだろうか？　ここからは，主にデコーディングを目的として，DNN の情報処理を利用した筆者の研究紹介へと移ろう．以下では，さまざまな画像に対する多数の神経細胞群の電気的活動を時系列のベクトルデータとして記録したのち，提示画像の DNN による特徴量表現が，神経活動データの線形回帰によってどの程度予測できるか検討した(概念図を図 4 に示す)．そして，予測した特徴量表現と類似した画像をデータベースから検索することで，見ている画像を復元する手法を紹介したいと思う．

　筆者は，側頭葉(TE 野)にアレイ型微小電極を 3 つ埋め込み(電極総数 224 本，図 1 参照)，120 種類の物体画像に対する神経細胞群の電気的活動を繰り返し計測した(詳細は，コラム 1 参照)．一方，比較対象とした DNN は，AlexNet とよばれる 8 層の畳み込みニューラルネットである(詳細は，コラム 2 ならびに図 5 参照)．

　入力画像に対する DNN 各層のニューロン群の活動度ベクトルを PCA で次元削減(累積寄与率 95% 以上となる主成分数)した表現を，各層における画像の特徴量表現とした．そして，実験に用いた 120 枚のうち，119 枚の画像の特徴量表現と記録した神経活動データ(画像提示後 200-400 ms 間のスパイク発火頻度)を学習データとしてリッジ回帰を行ったのち(図 4A 参照)，未学習の画像に対する神経活動データ(＝テストデータ)が，入力画像の特徴量表現の真値をどの程度正

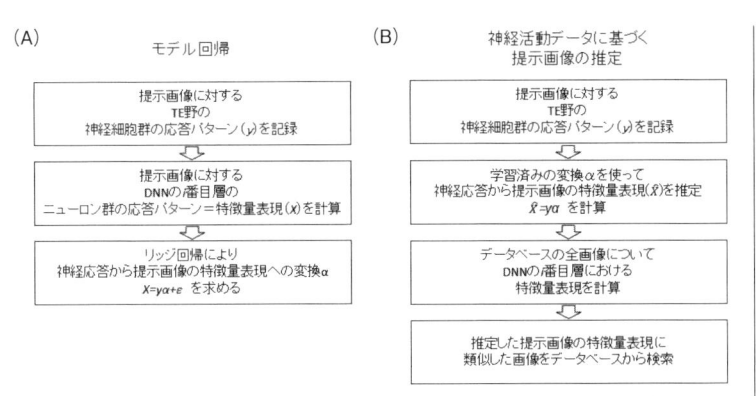

図4—神経活動データから DNN の特徴量表現へのモデル回帰による観察画像の可視化手法。

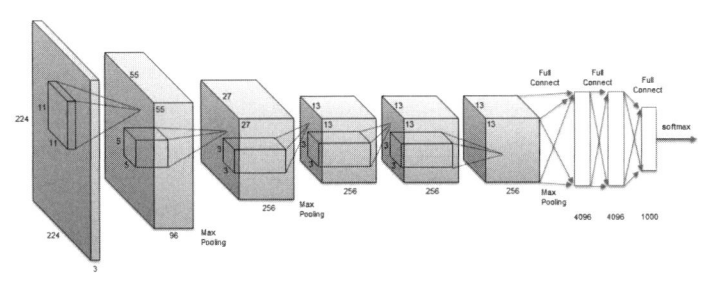

図5—AlexNet の実装例。

しく推定できるか，両者の相関係数を評価尺度として計算した。これを 120 枚の各画像に対する神経活動データについて繰り返す，Leave one out による交差検証(Cross Validation)を行い，予測精度を検証した(Leave one out による交差検証法については図6を参照)。

　神経活動データから DNN 各層の特徴量表現がどれだけの精度で予測できるか比較すると，上位層へ行くほど予測精度が漸次向上し，第8層の特徴量表現との対応がもっとも高い(相関係数 =0.57±SE0.01)ことが定量的に確認できた。

　このように，TE 野の神経細胞群による視覚情報表現が多層ニューラルネットの上位層の情報表現とよく対応するのであれば，神経活動データからリッジ回帰して画像の特徴量表現を推定し，類似の特徴量表現をもつ画像をデータベースから検索することで，元の提示画像を可視化することも可能になる(Hayashi & Nishimoto, 2013, 図 4B

[コラム1] **神経科学実験について**

　どのようにして神経細胞の電気的な反応を記録するのか，そもそもご存知ない読者も多いと思うので，ここでは実験の基本的な手法から，順を追って説明しよう。神経科学研究では，脳に非常に細い電極針を差し込み，それをアンプに接続することで，神経細胞が発する微弱な電気信号を記録する方法が用いられる。したがって，人間の脳からではなく，人間とよく似た脳構造と視覚機能をもつ実験動物(サルなど)の脳から神経活動を記録することになる。従来は，1本の電極針で，神経細胞の電気的活動を1つずつ記録してきたが，これでは，多くの神経細胞からデータを取り終えるのに，非常に長い時間がかかってしまう。そこで，最近では，アメリカを中心に，電極針が剣山状にならんだアレイ型微小電極を脳に埋め込み，一度にたくさんの神経細胞の活動を記録する手法が普及しつつある。アレイ型微小電極の1本1本の電極針からはワイヤーが伸びていて，コネクタと結線されており，アンプをコネクタにつなげるだけで神経細胞群の電気的活動が記録できる。神経細胞が何かの画像に応答するとき，活動電位(あるいはスパイク，インパルスとも)とよばれる急峻で極めて一過性の電位変化が繰り返し生じる。応答の強さは，単位時間あたりに発生した活動電位の回数(スパイク発火頻度)であらわされ，記録後，画像との関係が解析される。

　筆者は，サルの側頭葉(TE野)にアレイ型微小電極を3つ埋め込み(図1参照)，総数にして224本の電極針から神経細胞群の電気的活動を同時記録した。実験動物はコンピュータのモニタ中央を，目を動かさずに注視するようトレーニングされている。実験では120種類の物体画像をランダムに繰り返し提示した際に生じる神経細胞群の電気信号を記録した。

参照)。図7Aでは，神経活動データから提示画像の第8層における特徴量表現を推定したのち，ILSVRC2012画像データベースから，類似特徴量表現をもつ画像を検索した結果を示す。ご覧いただける

[コラム2] 解析に用いた DNN について

　比較対象とした多層ニューラルネットは，2012-13年当時，一般物体認識課題で最高性能だった Alex Krizhevsky のモデル (通称 AlexNet: Krizhevsky et al., 2012) を用いた (図5)。基本となるライブラリは cuda-convnet として一般に公開されており，NIVIDIA 社のグラフィックカード (GTX TITAN, 6GB メモリ) と LinuxOS の PC さえあれば実装できた。ちなみに，実装当時は，学習の汎化性を高める手法である drop out が実装されていないなど，実働までにかなり手を加える必要があったが，現在では，Berkeley Vision and Learning Center が開発した Caffe とよばれる deep learning 用のオープンソース・ライブラリが充実しており，学習済みパラメータも公開されている。

　AlexNet は，5つの畳み込み層と3つの全結合層からなるニューラルネットである。1層と2層，5層の畳み込み層の後には，それぞれ Max pooling 層があり，一定範囲内にあるニューロン群の出力を集約し，その最大値だけを後層に出力する (これは，複雑型細胞モデルでみた局所統合処理に相当し，画像の微小な位置変化に対し応答が不変になるようになっている)。そして，最終層では，Softmax 関数による多項ロジスティック回帰でクラス分類を行う。学習には ILSVRC2012 の画像データセット (1000種，120万枚の画像) を用い，1000枚の画像を1バッチとして，確率的勾配降下法 (Stochastic Gradient Descent, SGD) によりパラメータを更新した。それぞれのニューロンの活性化関数は ReLU (Rectified Linear Unit, max(0,x)) 関数である。また，パラメータの過学習を避けるため drop out 法を用いた (毎回ランダムに半分のニューロンの出力をゼロにしながら学習を行う。学習終了後はすべての結合重みを半分の値にする)。

　筆者の実装では，8つの層のニューロンは，それぞれ $55\times55\times96$, $27\times27\times256$, $13\times13\times256$, $13\times13\times256$, $13\times13\times256$, 4096, 4096, 1000個とした (top5 識別精度は約80%)

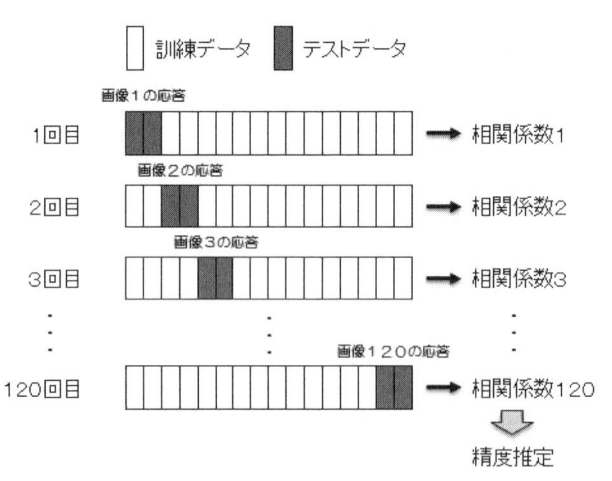

図6 ― 交差検証法(Cross Validation)による回帰モデルの予測精度評価。

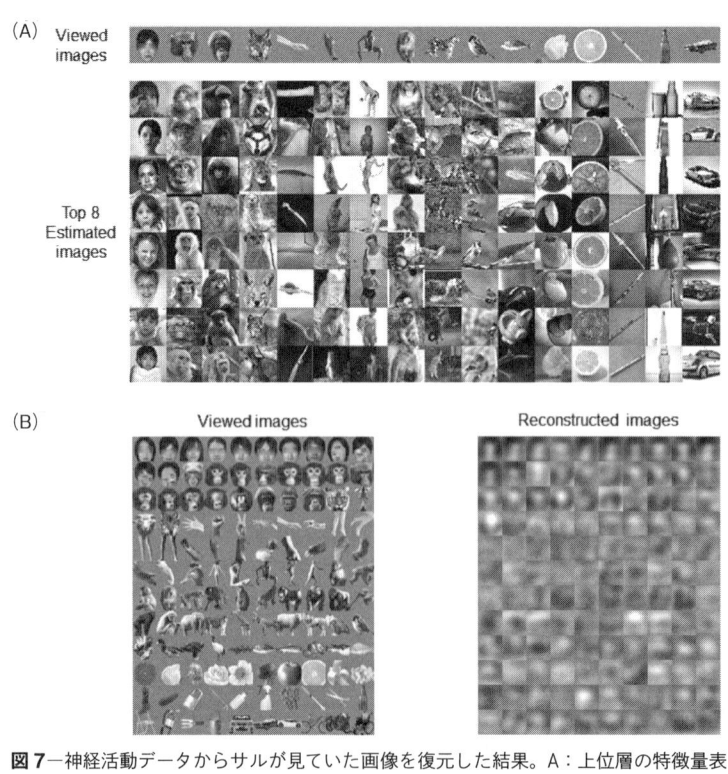

図7 ― 神経活動データからサルが見ていた画像を復元した結果。A：上位層の特徴量表現を推定したのち，類似特徴量表現をもつ上位8枚の画像の表示結果（ただし本図作成の際は，リッジ回帰学習の際，同一画像に対する異なる神経活動データを含めた）。B：逆畳み込みの学習を利用した画像の復元例。（詳細は，コラム3参照）

［コラム3］ 逆変換の学習による観察画像の復元

　DNNが行う符号化処理の逆変換を別のニューラルネットを用いて学習することにより，推定した特徴量表現から，提示画像を直接計算によって復元することも可能である．実装例では，10カテゴリの分類を行う5層の畳み込みニューラルネット(CIFAR-10データベース用にcuda-convnetで公開されていたモデル)を画像のエンコーディングモデルとして使った．そして，エンコーディングモデルの上段の特徴量表現から下段の特徴量表現への逆変換を，全結合層を使って学習することを逐次繰り返すことで，最上位層から入力画像層までの変換を実現する，4層のニューラルネットからなるデコーディングモデルを作成した．図7Bに画像復元した結果を示す．エンコーディングモデル内の畳み込み演算が繰り返される過程で，画像素の詳細な位置情報が失われてしまうが，大まかな形状と色情報が復元できるのがわかる．(図7A, Bのカラー画像は，ウェブのサポートページを参照)

ように，DNN上位層の特徴量表現への回帰という極めてシンプルな手法だけで，脳の電気信号から，今見ている画像の，とりわけ物体カテゴリの内容を正確に推定できる．

　神経活動データの回帰によって推定したDNN各層の特徴量表現から，どの程度物体カテゴリの情報を正しく復元できるかを定量的に評価するため，提示画像のカテゴリラベルと推定画像top 16のカテゴリラベル間のWordnet内におけるパス長(ただし，ランダムに選んだ画像ペア間のパス長の平均と分散でZ値に正規化)を比較した．その結果，第6層以上の特徴量表現を利用したとき，物体カテゴリの情報が正しく復元できることがわかった(第5層以下 0.45±SE 0.02, 第6層以上 1.36±SE 0.04)．これらの結果から，側頭葉の神経細胞がしめす物体選択的な性質を獲得するためには，ニューラルネット内の全結合層で実装されているような，広範囲な空間情報の統合が必要であることが示唆される．

　このように，DNNは，コンピュータ・ビジョン技術としてだけ

でなく，その画像特徴量表現を利用することで，高次視覚野の神経情報の解読にも大きな威力を発揮することが明らかになった。こうした技術を発展させれば，将来的には人間の脳に電極を埋め込むことで，その人が想起しているビジュアルイメージを可視化することが可能となろう。そして，ブレイン・マシン・インタフェース技術として，ロボットの制御やコミュニケーションに利用するなどの応用展開が期待される。

DNNによる脳情報処理のモデル化へ

これまでのところ，神経活動データとDNNの特徴量表現の間を線形回帰することで，側頭葉の情報処理のモデル化を行ってきた。しかしながら，回帰によって特徴量表現内のトポロジカルな関係が失われるため，記録した側頭葉領域間の情報表現の違いが見えなくなるという問題が生じる。

そこで，筆者らは(そして，おそらく他の神経科学者も)，DNNを脳における並列階層的な情報処理のフレームワークと仮定し，さまざまな自然視覚入力に対し，神経応答そのものを教師信号として学習することにより，神経細胞が担う情報処理の定量モデルを構築する試みを始めている。つまり，脳と等価な情報処理モデルを作ることで，構成論的に脳を理解しようというアプローチである。

構成論的手法では，何をもって脳の情報処理を合成しえたとみなすかが問われる。この点については「より多くの神経細胞の活動変動をより正確に予測すること」が評価の基準となろう(Yamnis et al., 2014)。したがって，なるべく多様な視覚入力に対し，なるべく多くの神経細胞の活動を記録することが，成否の鍵を握るといえる。比較的長時間にわたって，数百個の神経細胞を同時記録できるアレイ型微小電極を利用した記録技術の進歩と，DNNがGPGPUのオープンソース・ライブラリにより1台のPCで手軽に実装できるようになったことも，基礎神経科学の側から，構成論的脳研究を目指す追い風となっている。

構成論的脳研究に期待されるのは，未学習な視覚入力に対して高い予測精度を実現する，ニューラルネット・アーキテクチャの構築

である．十分に予測精度が高く，シミュレーションの信頼性が高いモデルが獲得できれば，未体験な視覚入力に対して，神経細胞群がどのように振舞うかを解析することに意味が出てくる．ある特定の視覚機能に絞った入力パターンに対するネットワークの応答をシミュレーションすることで，細胞間の機能結合と解剖学的な情報との関係が明らかになり，情報処理様式が解明できる可能性がある．

　一方で，DNNを利用した神経科学研究への懐疑論として，「なにが上位階層で表現されているのか」が明示的にわからないという批判がある．筆者が思うに，この問いは，本来複雑な情報表現を，単純化して理解しようとする試みから発せられている．単純化する仮説が天啓から得られないのであれば，予測性の高いモデルを学習したのち，シミュレーションをとおして単純化できる仮説を探索するより他はないと思われる．また，実験で検証できる条件数には限りがあるが，構成論的手法なら，脳のさまざまな領域から神経情報を記録し，下位の脳領域からモデルを漸次同定し，積み上げていくことにより，上位の脳領域に相当する多階層のニューラルネットが学習できる可能性がある．この点でも，個々の領域を独立に研究せざるを得ない従来の要素還元論的手法よりも有利であろう．

おわりに

　DNNの応用への期待が，産業界に広がる一方，コンピュータ・ビジョン研究者のあいだでは，ニューラルネットの規模の拡張だけで，人間の一般物体認識精度(はるかに多様な物体種をtop 1正答率でほぼ完璧に認識できるレベル)に到達できるという見通しに懐疑的な見方も多いようだ．神経科学研究の知見からニューラルネットが生み出されたように，今後明らかにされる脳の新たな知見が，コンピュータ・ビジョン研究のブレイクスルーにつながることで，両分野が共に発展することを期待している．また，本稿を読んだデータサイエンティストのみなさまに，機械学習の新たな可能性を見出していただき，少しでも脳の情報処理に興味をもっていただけたら本望である．

参考文献

視覚に関する神経科学研究の基礎を勉強したい方は
- 加藤宏司他(監訳)(2007),『カラー版　ベアー　コノーズ　パラディーソ　神経科学──脳の探求──』,西村書店,239-264.
- 金澤一郎,宮下保司(監修)Kandel 他(編集)(2014),『カンデル神経科学』,メディカルサイエンスインターナショナル,595-629.

最新の Deep Neural Network 研究に関するさらに詳しい解説については
- 岡谷貴之著(2015),『深層学習』,講談社.

エンコーディングモデルに関する解説については
- 西本伸志(2015),エンコーディングモデルを用いた視覚情報処理研究:情報表現,予測,デコーディング.日本神経回路学会誌,19(1): 39-49.

BMI 研究に興味のあるかたは
- 川人光男(2010),『脳の情報を読み解く　BMI が開く未来』,朝日新聞出版.

今回紹介した著者の研究については
- Hayashi R, Nishimoto S.(2013), Decoding visual information in monkey IT cortex using deep neural network. *Proceedings of Life Engineering Symposium 2013（LE2013）*: 511-514.
- R. Hayashi, S. Nishimoto,（2013）, "Image reconstruction from neural activity via higher-order visual features derived from deep convolutional neural networks", Neuroscience 2013（the 43rd Annual Meeting of the Society for Neuroscience）, San Diego, USA, Nov 12.

(はやし・りゅうすけ)

インタビュー
林隆介 (産業技術総合研究所)×聞き手=伊庭幸人・麻生英樹

まず,林さんの経歴の話から

Q. 最初から脳の研究をされていたわけではないのですね。

A. 大学院生のころは,東大の舘暲(たちすすむ)先生のところでバーチャルリアリティの研究をしていました。そのあと,アメリカ,カリフォルニア工科大学の下條信輔先生のところにポスドクで行って,心理物理実験の研究をしました。院生時代から,下條先生にはメールで質問をしたり,研究室の助教の方がサバティカルで下條研に行ったりして,つながりがあったんです。

Q. 脳から神経細胞の活動を記録したりするのはそのあと？

A. 下條研に行く前から動物を使った神経科学研究に興味があったのですが,本格的に動物実験に触れたのは,ドイツ,マックス・プランク研究所の Nikos Logothetis 先生の研究室に行って,fMRI を使った研究に参加してからです。帰国してからは京大の河野憲二先生の研究室で,動物の行動実験による眼球運動の研究をおこないました。電気生理実験をはじめたのは,その次の理研に行ってからです。

Q. 理研では,谷藤学さんの研究室で,高次視覚野の多電極を使った計測を身につけられたのですね。手技として相当難しいのではないですか？

A. 理研では,環境や機材が整っていて,谷藤先生をはじめ,まわりの人が親切に教えてくれたので特別難しくはなかったです。よほど不器用でなければできますよ。

Q. そして現職の産総研(人間情報研究部門・システム脳科学研究

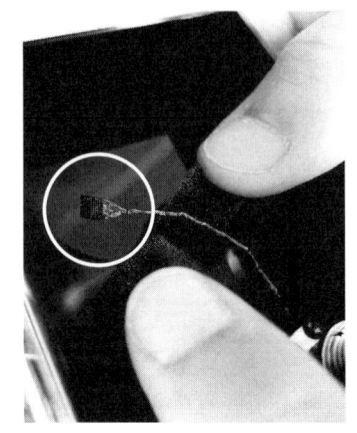

左―林隆介さん　右―多電極の例(白丸の中)

グループ)へ移動されたわけですね。いまは，ほぼ独立して自分の設定したテーマで研究されているのですか。

　A．理研は完全なプロジェクト制なので，研究室の主催者(PI)にならないと，独立して研究計画を立てる立場にはなりにくいですが，現在の産総研の研究室では，自分の研究をマネージメントできる要素が大きいです。ただ，研究所として，純粋基礎研究だけではなく，最終的には産業応用をめざすのが使命なので，その縛りはあります。自分の研究の場合は，応用だけが目的ではないですが，脳とコンピュータを結ぶ技術であるBMI(Brain Machine Interface)を通じて実用にもつながる研究をめざしています。

Q．これまでの経歴，バラエティに富んでいるようでいて，一貫した部分があるのがすごいですね。出発点はバーチャルリアリティだったのが，一周してBMIということで，出発点ともなんとなくつながっているような気がします。

　A．いずれ，SFやアニメにあるような，ナマの脳とコンピュータ(仮想世界)が直接つながる世の中が実現すると思っています。人間の言語機能を直接操作するのは，まだちょっと難しいかもしれないけれど，視覚の世界を介して高次の概念を表現す

ることは，遠からず可能になるでしょう．

Deep Neural Networkを使った研究をはじめたきっかけなど

Q．それで，今回のお話のDNN（Deep Neural Network）を使った研究は3年くらい前にはじめられたということですが，きっかけは何でしょうか．

A．産総研の一杉裕志さんからDNNの話を聞いて，すぐにやってみようと．画像認識のコンテストで優勝した論文でも，下位の層では1次視覚野のニューロンでみられるような反応を示すユニットが生成されるとありましたし，上位の層では物体の種別に応じた反応が出るというのも既にいわれていたので，IT野などの高次視覚野と比較するというアイデアは自然に思いつきました．その後，海外の研究者，たとえばMITのDiCarloのグループとかが関連する研究をしていますね．

Q．本文でも説明されていますが，DNNを基礎研究で使うメリットを一言でいうと．

A．脳の中で情報がどうエンコードされているか，という問題については，たとえば高次視覚でもたくさんの仮説があります．しかし，特定の仮説から出発する考え方だけでは限界がある．むしろDNNのような機械学習・統計科学の技術を使って，情報をどこまでエンコードできるかをまずやってみる．その結果を調べることで，仮説を立てたり検証したりする，というアプローチが必要になってくると考えています．

Q．DNNの実装とか，初めてやると大変ではなかったですか？

A．2012年に画像認識コンテストにDNNが使われて，高成績をおさめたわけですが，**CUDA**で書かれた**cuda-convnet**として，関連するソースコードが公開されました．公開当初は，**dropout**とか重要な技術が実装されていなかったりしましたが，C言語，あるいはPythonのコードを少しいじれば，論文と同じモデルを実装することができました．

そして，今後の展開，人間への応用，余談 etc.

Q．同じ物体を見せたとき「DNNで学習した高次の層の発火のパターン」と「実際のサルの高次視覚野の発火のパターン」に相関があって，それを利用すると発火パターンから，見ている物体のカテゴリーなどが予測できる，というのがこれまでの成果でした。次は何を？

　　A．たとえば，脳を電気的に刺激して「何かを仮想的に見せる」技術があります。簡単な例としては，ある形態から別の形態に連続的に変形（モーフィング）するときに，どこで変わって見えるかを制御できないかとか。

Q．動物は言葉で報告してくれませんが「いまある形から別の形に変わって見えたぞ」とサルが感じたことを，実験者はどうやって知るのでしょうか？

　　A．報酬で条件付けて訓練します。ある形から別の形に変わったときに反応するとエサを与えるようにして，それがうまくできるようになったことを確認してから，脳への刺激実験をして，知覚が変容するかを確認するわけです。

Q．BMIのほうの技術はいまどんな感じになっていますか。

　　A．大きく分けると(1)脳波(2)fMRI(3)埋め込み電極を使った侵襲計測，の３つのアプローチがあります。脳波は手軽ですが「数個の選択肢のどれを選ぶか」を計算機に伝えるくらいが限界のようです。fMRIは脳全体を見られるのが魅力ですが，時間分解能や計測装置の小型化の面で制限がある。埋め込み電極を使った計測では，測定点の数は数百で，脳外科手術を必要とするリスクはありますが，リッチな情報が得られます。リスクが下がれば医療用として人間の患者さんに使えるようになる可能性がある。すでに米国では医療用に認可された電極があります。意識は正常でも体の動かせなくなる病気，たとえばALSにかかった人にとっては大きな助けになるでしょう。

Q. 現在の技術では，電極を埋め込んでどのくらい持つのですか？
A. 通常の基礎神経科学実験としてデータがとれるのは，半年くらいでしょうか。多くの場合，生体の反応により電極とニューロンの間を新たにできた組織がさえぎってしまうので，時間とともに記録できる電極の数が減っていきます。海外でおこなわれている人間の患者さんへの埋め込みの場合，1～2年経っても記録できる電極がほんの数本あって，それをBMIに利用しているみたいです。

Q. 最近話題になっているレビー小体型の認知症では，いろいろな幻視が見えるのが特徴ですが，とくに人の顔や姿，それから，虫がよく見えるそうです。われわれの脳の中には，人の顔や虫に反応するニューロンが詰まっているのでしょうか。
A. いろいろなものが顔に見えるということは，病気でない人にも，ある程度はあります。脳の中でも，顔に反応するニューロンは，他の物体カテゴリーに反応するニューロンと比べてたくさんあるようで，比較的簡単に見つかります。たとえば，側頭葉には顔エリアとよばれる，顔画像に応答するニューロンが集まった領域が複数特定されていて，それぞれの領域ごとに，顔情報処理の機能差が明らかにされつつあります。虫はどうかなあ。

*この原稿はインタビューをもとに再構成したものを林さんの修正と許可を得て掲載しました。

---

fMRI(functional magnetic resonance imaging)＝病院で画像検査に使うMRIと同じ原理を利用して，血流の変化を見ることで，脳の各部分の活動を時系列として観測できる。空間分解能は数mm^3から$1mm^3$程度。
BMI(Brain Machine Interface)＝脳と計算機を直接結んで情報をやりとりする技術。
DNN(Deep Neural Network)＝パターン認識のための多層の非線形ネットワーク。通常は計算機上にソフトウェア的に実現される。

脳の神経回路に触発されて考えられたが，似ているところもそうでないところもある．アルゴリズムに重点を置く場合はDeep Learningという．林さんの解説中に説明あり．

CUDA＝もともとは描画のために作られたチップであるGPUを利用して高速数値計算をするときに便利なように作られた言語．DNNは計算が重いので，しばしばGPU上に実装される．

dropout＝DNNの学習のときに，中間層のユニットを一定の割合でランダムに不活性化することで，汎化性能を改善する手法．一種のアンサンブル学習．

cuda-convnet＝画像認識に特化した畳み込み型のDNNを実装するためのツールのひとつ．

ニューロン＝神経細胞のこと．

確率と論理を融合した確率モデリングへの道
第Ⅰ回

佐藤泰介・麻生英樹

1 はじめに

近年の深層学習の成功や自動車の自動運転技術などの進展により，あらためて人工知能に注目が集まりつつある。しかしながらそれらの技術は，どちらかというと音声認識や顔・画像認識などセンサーレベルのデータの話であって，より上位の記号レベルのブレークスルーではない。人工知能の根本問題の一つである知識表現の問題，すなわち知識をいかに表現し，獲得し，利用するかという問題の解決には直接繋がるものになってはいない。

一方，現代はインターネットを通じて学術誌，辞書，ウィキペディア，SNS，ニュース記事など種々の，そして大量の記号的知識をデータとして計算機で利用できる時代であり，たとえばIBMの人工知能システムであるワトソンは，それらを総合的に繋げて統計的に利用することにより，従来の水準を超えた専門職に迫る質問応答システムを実現しようとしている。

本連載では，目前に開けつつある知識データの大量利用の時代を念頭に，3回に分けて，知識の2大カテゴリである論理的知識と確率的知識を結びつけた確率モデルを使い，複雑な現実を計算機上でモデル化する研究の流れと，その背後にある確率，論理，計算，機械学習の繋がりを紹介してゆく。

第1回である本稿では，まず，確率(ベイジアンネット)から論理へと向かう研究について，知識ベースモデル構築(knowledge based model construction; KBMC)や統計的関係学習(statistical relational learning; SRL) [Getoor 07]を中心に，なぜ確率と論理を結びつける必要があるのかを含めて解説する。第2回には，論理から確率へと向かう研究として，確率論理学習(probabilistic logic learning; PLL)を紹介した後，確率と論理を矛盾なく結びつけるための数理的基盤について解説する。さらに，第3回には，数理的基盤の上に立ち，計算機上で確率と論理を融合する実装例として，PRISMという論理に基づく確率モデリング言語を紹介したい。

SRL や PLL は，従来の素性(feature)に基づいた確率モデリングに対し，素性間の関係や素性の背後にある論理的構造を組織的に取り入れることにより機械学習を高度化しようとするものである．知識データの確率モデリングを大幅に抽象化しかつ効率化してくれる可能性を秘めている．特に最近ではプログラミングとも結びついて確率プログラミング(probabilistic programming)として発展しつつある．次世代人工知能における知識のモデル化・利用とそれを支える推論や学習の層を媒介する効果的なインターフェイスとなることが期待されているものである．

　にもかかわらず日本では，SRL, PLL, 確率プログラミングはほとんど未知の存在に留まっている．これはたとえばSRLの母体となったベイジアンネットですら日本で十分に普及しているとは言えない状況から無理もない話である．しかし，世界で急速に発展する機械学習技術あるいは人工知能技術に遅れを取ることは許されない．

　SRL や PLL にはさまざまな形があるが，おおまかに言って機械学習における低レベルのモデル記述に，関係や述語，再帰などといった抽象な概念を持ち込み高レベルでモデル記述を行なう．それはちょうど機械語によるプログラミングを高級言語によるプログラミングで代替することに似ている．そのため確率の厳密計算を例にとれば，確率計算を表す高級な表現をメモリ内で扱う低級表現に還元するコンパイルに相当することを行なうことになる．幸いなことに離散確率モデルについて言えば，BDD(2分決定木)などの命題論理の圧縮表現に基づくコンパイル技術が開発されつつある．しかし，通常のプログラミング言語におけるコンパイルは計算のことだけを考えればよいのに対し，SRL/PLLにおけるコンパイルでは確率計算(順方向の計算)と確率学習(逆方向の計算)の両方を考えに入れる必要があり，そのぶん実装は複雑になる．

　まとめるとSRL/PLL/確率プログラミングは，確率，論理，計算を繋げて機械学習を実現しようとする複合的アプローチであり，概念的にも技術的にも単純とは言えない．そこで，本連載では，まず背景事情がわかるように研究の流れを歴史的に概観した後，根幹をなす確率と論理の繋がりについて解説してゆく．

2 ベイジアンネットからSRLへ

　SRLの出発点はベイジアンネットにある．ベイジアンネットは有限個の確率変数 $X_1, ..., X_N$ をノードとする有向グラフと各ノードに付随する条件付き確率

表(conditional probability table; CPT)からなり，数学的に言えば $X_1, ..., X_N$ の同時分布 $P(X_1=x_1, ..., X_N=x_n)$ を表す[1]。また，知識表現の立場から言えば，有向辺によりノード間の確率的な因果的依存関係を表す知識表現の道具とも考えられる。

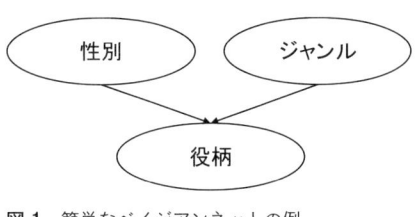

図1－簡単なベイジアンネットの例

図1に，最も簡単なベイジアンネットの例を示した。このネットワークは，俳優の映画の中での役柄が，映画俳優の性別と，映画のジャンルによって確率的に決まる，という依存関係を表している。性別変数は"男"か"女"の値を取る。以下では，簡単のために，映画のジャンルは"アクション"と"恋愛もの"の2種類，役柄は，"ヒーロー"，"ヒロイン"，"恋人"，の3種類とする。

性別ノードにはP(性別)，ジャンルノードにはP(ジャンル)という確率分布の確率値からなる表が，そして，役柄ノードにはP(役柄|性別，ジャンル)という条件付き確率分布の値からなる表が付随しており，ネットワーク全体では，P(性別，ジャンル，役柄)という同時分布が，

$$P(性別，ジャンル，役柄) = P(役柄|性別，ジャンル)P(性別)P(ジャンル)$$

と分解できることを表している[2]。

このネットワークを用いて，一部のノードの値が観測されたときの，他のノードの値の確率分布などを計算することができる。これがベイジアンネットの推論である。また，("男"，"アクション"，"ヒーロー")というような観測データが多数与えられたときに，それぞれのノードのCPTの確率値を推定することは，ベイジアンネットの学習と呼ばれる。

ベイジアンネットは1980年代後半に人工知能の一分野であるUAI(uncertainty in AI，人工知能における不確実性)のコミュニティで，変数間の確率的依存関係をモデル化するために提唱された。グラフから直観的に定性的な条件付き独立性を把握しやすい点と，信念伝播など優れた確率計算アルゴリムが存在して，効率的に周辺分布や条件付き分布を計算できる点に特色がある。

学習についてもパラメータ学習のみならず大量データからグラフ構造を学習する構造学習もよく研究されている。主として米国で研究が進められ，1990年代

前半には基本的な計算や学習の枠組が整った。機械学習でよく使われるナイーブベイズや隠れマルコフモデルを包含し，いい加減なデータでも与えれば動く頑健性も備えていることから，データマイニングを支える標準的な確率モデリング技法の一つとなっている。

しかしベイジアンネットに不満がないわけではない。一つの問題は知識の記述力の不足である。たとえば，似たようなベイジアンネットをまとめて記述できないために，変数の数が違えば別々にベイジアンネットを作らなければならない。その結果，血液型の遺伝を表すベイジアンネット自身はどの家族でも同じパターンに従うが，家族内の子どもの数に応じて別々のベイジアンネットを作らざるを得ない。

もう一つの問題は巨大なベイジアンネットを書き下す手間である。ノード数が高々数十の場合は(標準的なフォーマットを使い)手でも書けるが，数百，数千のノードとなると到底手では書き切れない。言ってみればベイジアンネットは，コンピュータ言語で言えば変数もマクロも条件分岐もない低レベルの機械語に相当し，高級言語の持つ記述の汎用性，柔軟性を欠いているのである。これらの問題は繰り返される依存関係を箱を使ってまとめるプレート表記で解決できる部分もあるが，それでも高級言語のもたらすプログラミングの自由度はない。

このようなベイジアンネットの悩みを解決すべく，高級言語を使ったベイジアンネットの自動生成の研究が1990年代に北米で始まり，知識ベースモデル構築(KBMC)と呼ばれた。高級言語としては述語論理が使われることが多かった。KBMCでは，たとえば確率知識ベースを $A \Leftarrow B_1 \wedge ... \wedge B_n$ の形をした論理式に確率を付与した形で記述する。ここで，$n \geq 0$ であり，A, B_i は内部に論理記号などを含まない式(アトム，原子式(atomic formula)などと呼ばれる)である。上のような，$\Leftarrow$ の片側に来るアトムが1つの形の論理式は，定節(definite clause)と呼ばれる(確定節とも呼ばれる)。

質問が来ると，KBMCは知識ベースを参照しつつ後ろ向き推論を行ない，質問に解答するためのベイジアンネットを動的に生成し，それを使って確率値を計算して質問に答える。このようにすることで，すべての可能性のある質問に対して答えるために1個の巨大な(無限サイズの)ベイジアンネットをあらかじめ手で作っておくという問題を回避したのである。KBMCによってベイジアンネットの

世界に論理が持ち込まれたと言える。

とは言え KBMC は任意の質問に答えられる単一のベイジアンネットを作り出すわけではなかった。また述語論理式を使うものの，制限された論理式を便利な表現上の道具として使ったに過ぎず，論理が対象とする個体と関係からなる世界の関係構造の記述はまったく蚊帳の外で，人工知能の知識表現の点から見て不十分であった。

その後，(主として北米の)人工知能研究者は KBMC のこのような問題点を克服すべく，多数の個体と複数の関係からなる世界の関係構造を反映した確率モデルを構成する方法を探るようになり，2000 年代に入って統計的関係学習(SRL)という旗の下，種々の方式が熱心に研究された。確率モデルもベイジアンネットのような有向グラフィカルモデルに限らずマルコフ確率場のような無向グラフィカルモデルも扱われた。まず前者の代表例である確率的関係モデル(probabilistic relational model; PRM)［Friedman 99］について以下説明しよう。

PRM は有向グラフィカルモデルであるベイジアンネットの発展形であり，SRL の嚆矢となったものである。単純化して言うと PRM は，関係データベース(relational database; RDB)からベイジアンネットを作り出す。従来のベイジアンネットが一つの表として表現されるデータを扱い，属性を確率変数とみなして属性間の確率的依存関係をモデル化するのに対し，PRM は，関係データベースの複数の表を扱い，表の間の参照関係を利用して，同一のもしくは別々の表にある属性間の確率的依存関係を関係データベースの行であるタプル(レコード)ごとに定め，それらを集めて一つのベイジアンネットとして表現する。

すなわち PRM は複数の表を扱うことと，タプルごとに確率をモデル化することが特徴である。したがって確率計算はそのぶん大変になるが，従来のベイジアンネットより複雑できめ細かい確率的依存関係を表現できる。学習面も違う。従来のベイジアンネットは表のタプルを独立同一分布からのサンプルと仮定し確率を学習するが，PRM の確率学習ではデータベースがただ一つのサンプルであり，その一例から確率を学習する。したがって独立同一分布の仮定とは無縁であるが，別途実質的に確率計算上同等の効果を持つような仮定を描く。

もう少し具体的に見てみよう。PRM ではオブジェクト指向風の考え方を使い，個々の表をクラス，表に属するタプルをクラスのオブジェクト(個体，インスタン

俳優		出演				映画	
俳優ID	性別	出演ID	俳優ID	映画ID	役柄	映画ID	ジャンル
A543	男	R15030	A205	M1052	恋人	M2243	アクション
A205	女	R20714	A205	M2243	ヒロイン	M1052	恋愛
A301	男	R30125	A543	M2243	恋人	M5543	恋愛
⋮	⋮	⋮	⋮	⋮	⋮	⋮	⋮

図2―関係データベースの例

ス)とみなす．以後，表とクラス，タプルとオブジェクトを同じものとして扱う．タプルは複数の属性を持ち，属性は，表の中のオブジェクトを識別するためのIDや，他の表との参照関係を表すための値のような非確率的属性と個体の性質を表す通常の確率的記述属性とに分かれる．

例として，ベイジアンネットのところでも使った映画に関するデータを関係データベースにしたものを考える[3]．図2の上に示すように，この関係データベースには，俳優，出演，映画，の3つの表がある．俳優の表は，俳優のID(俳優を一意に識別する属性)と俳優の性別を属性として持つ．このうち，俳優を一意に識別する属性は，関係データベースの用語で主キーと呼ばれる．俳優の性別は記述属性である．同様に，映画の表は，映画のIDと，映画のジャンルを属性として持つ．さらに，出演の表は，出演のID，俳優のID，映画のIDと，ある俳優がある映画で演じた役柄を属性として持つ．このうち，出演のIDは主キーであり，俳優のIDと映画のIDは他の表を参照するためのものであり，外部キーと呼ばれる．

クラスXの属性Aを$X.A$，外部キーσにより参照されるクラスを$X.\sigma$で表す．たとえば，上の例では，俳優.性別，出演.俳優などである．表の参照関係はさらに一般化することが可能で，τにより外部キーを順方向・逆方向まぜて0回以上たどる参照の連鎖を表すことにして，クラスXから参照の連鎖τにより参照される(たどり着く)クラスを$X.\tau$と書く．このとき，クラスXの確率的記述属性Aは参照の連鎖τにより参照されるクラス$X.\tau$の確率的記述属性Bと確率的依存関係にある可能性がある．たとえば，出演.役柄は，俳優.性別や，映画.ジャンルと確率的依存関係にあるだろう．

以後簡単のためキーと確率的記述属性を区別し，後者を単に属性と呼ぶ．

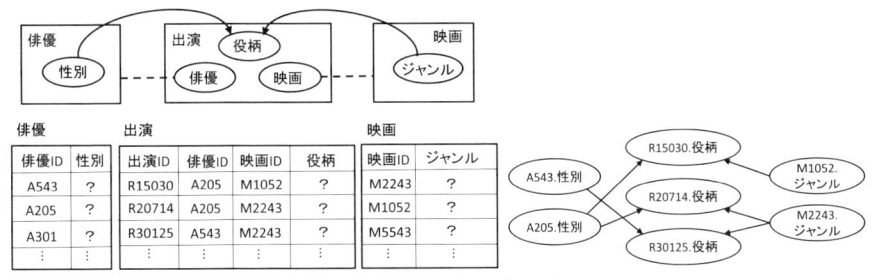

図3—PRMスキーマ，スケルトン，それらが定義するベイジアンネット

PRMではクラスXの各属性Aに対し，Aが確率的に依存する属性の集合(親ノードの集合)$Pa(X.A)$と付随する条件付き分布(CPT) $P(X.A|Pa(X.A))$が定められている。関係名，属性，属性の定義域からなる関係スキーマ，および属性の局所的な確率的依存関係を表す$Pa(X.A)$と付随する$P(X.A|Pa(X.A))$を合わせたものをPRMスキーマと呼ぶ。

RDBからタプルの属性値をすべて抹消したRDBはキーによるタプル間の参照関係だけを表している。それをスケルトン(skelton)と呼ぶ。PRMとはPRMスキーマとスケルトンσの組を言い，属性間の確率依存関係を表すPRMスキーマをスケルトンによりタプルレベルに具体化したものである。すなわちPRMはRDBの表Xのタプル$x \in X$の属性$x.A$とスケルトンσから導かれる参照の連鎖τによりxからたどり着けるタプル$y=x.\tau$の属性B，すなわち$x.\tau.B$との間の確率的依存関係を定める。

そしてこれらの確率的依存関係は(確率的依存関係がループしないなどといった条件のもとに)一つのベイジアンネットを成すことを仮定する。このベイジアンネットでは通常のベイジアンネットと異なりタプルごとの属性，すなわち$x.A$が確率変数であり，グラフのノードを成す。$x.A$に付随するCPTは$P(X.A|Pa(X.A))$を使う。言い換えるとPRMではクラスと属性が同じならばタプルが異なっても同一のCPTを共用する。この仕組みにより，PRMでは，確率計算上タプルがあたかも独立同一分布からのサンプルであるかのように扱われるのである。

図3に，出演.役割の親ノードが俳優.性別，映画.ジャンル，であることを表すPRMスキーマ，PRMスケルトン，それらによって定義されるPRMと等価なベイジアンネットの一部を示している。俳優，映画，出演の行(タプル)の数が

増えれば，非常にたくさんのノードを持つベイジアンネットが構成されることがわかるだろう．

さて元の関係データベース RDB は，スケルトン σ に対し，それを作る際に抹消したタプルの属性値を埋め戻したものである．それは丁度このベイジアンネットの各ノードに値を与えたものに相当する．言い換えると RDB はこのベイジアンネットの一つのインスタンス I(実現値)になっているのである．x を表 X のタプル，I における $x.A$ の実現値を $I_{x.A}$，PRM スキーマ S で与えられている X の属性 A の親属性達 $Pa(X.A)$ の実現値を $I_{Pa(x.A)}$ と記す．確率 $P(I_{x.A}|I_{pa(x.A)})$ をパラメータと呼び，パラメータの全体を θ で表す．さらに X により表の全体を，$A(X)$ により表 $X \in X$ の属性の全体を表す．するとインスタンス I の確率，言い換えると PRM が定める RDB の尤度は

$$P(I|\sigma, S, \theta) = \prod_{X \in X} \prod_{A \in A(X)} \prod_{x \in \sigma(X)} P(I_{x.A}|I_{Pa(x.A)})$$

により与えられる．

モデルのパラメータである条件つき確率値の学習は最尤推定により，すなわち上記の尤度を最大化することにより行なわれる．観測値に欠損がある場合も EM アルゴリズムなどを使い最尤推定によりパラメータ学習が行なわれる．構造学習について言えば，RDB における表 X の興味ある属性 $X.A$ に対し，その親となる属性 $Pa(X.A)$ をデータから定めるのが PRM の構造学習である．各変数の親となる変数を決めるという意味で通常のベイジアンネットの構造学習と同じであるが，探索空間を狭めるため，探索する参照の連鎖 τ の長さを制御する必要がある．PRM は推薦システムなどに応用され，またその後，構造的不確定性を取り入れたり，実体関連モデル(entity-relationship model; ER モデル)と組み合わせるなどの発展があった．

3 マルコフ確率場と SRL

PRM を述語論理の立場から振り返ってみると，表を関係を表す述語，表のタプルを個体と思えば，個体とそれらの間の関係を扱っている．表 X にタプル $t_1, ..., t_n$ があることを $X(t_1, ..., t_n)$ という述語論理のアトムにより表す．ここで X は述語記号，t_i は項と呼ばれる．この式は「$t_1, ..., t_n$ は X という関係にある」という命題(proposition)を表す．すると，関係データベースは変数を持たな

いアトム(基底アトム(ground atom)と呼ばれる)の有限集合と等価であり，PRM は，たとえば，$X(t_1, ..., t_n)$ の項 t_i と $Y(s_1, ..., s_m)$ の項 s_j の確率的依存関係を記述できる．しかし，$X(t_1, ..., t_n) \Rightarrow Y(s_1, ..., s_m)$ のような論理的依存関係はたとえ成り立っていたとしても記述することも利用することもできない．ましてや $\forall x\, bird(x) \Rightarrow can\_fly(x)$ のような普遍限量子によって表現される一般的法則の扱いは考慮の外である．

述語論理においては，項は $x, y, z, ...$ のような変数，もしくは $0, 1, 2, ...$ のような定数，あるいはさらに複雑な $father\_of(x)$ のような関数であり，個体を表す．アトムあるいはその否定をリテラル(literal)，リテラルの選言(disjunction)を節(clause)と言う．節に変数がある場合は $\forall$ により縛られているものとみなす．節の部分クラスとして $A \Leftarrow B_1 \wedge ... \wedge B_n$，あるいは同じものであるが $B_1 \wedge ... \wedge B_n \Rightarrow A$ ($n \geq 0, A, B_i$ はアトム)の形をした定節があり，$n = 0$ の場合は(アトムと一致する)特に単節(unit clause)と呼ばれる．$bird(x) \Rightarrow can\_fly(x)$ は定節の例であり，(変数は $\forall$ に縛られているとみなすので)すべての x について，もし x が $bird$ ならば x は飛べる(can_fly)ことを言っている．節は単節の集合として関係データベースも表せるし，友達の友達はまた友達である ($friend(x, y) \wedge friend(y, z) \Rightarrow friend(x, z)$) のような再帰的推論則も表せる，知識表現にとって強力な表現形式である．

したがって，関係データベースよりも強力な記述力を持つ述語論理の節を使って個体および個体間の関係に基づく確率モデルを構築することも当然考えられる．実際 SRL でも種々の試みがなされており，一つの代表例が重み付き節集合によりマルコフ確率場(Markov random field)を定義するマルコフ論理ネットワーク(Markov logic network; MLN)である[Domingos 04]．

MLN について語るためには可能世界という概念が便利である．一般に論理式の真偽については領域(集合)を定め，その上での基底アトムの真偽を定め，順次より複雑な式の真偽を定めることによりその領域におけるすべての論理式の真偽を定める．節の場合，領域として基底項(変数を持たない項，ground term)の全体の集合，すなわちエルブラン領域(Herbrand universe)を使うのが通例である．エルブラン領域におけるすべての基底アトムの真偽値を定めるものをエルブラン解釈 (Herbrand interpretation) と呼ぶ．以後エルブラン解釈を可能世界と呼ぶ．MLN は実数の重みが付いた節集合により可能世界の確率分布を与える．例を見よう(図4)．

$1.5: smokes(x) \Rightarrow cancer(x)$
$2.0: friends(x, y) \Rightarrow$
$\qquad (smokes(x) \Leftrightarrow smokes(y))$

これは喫煙と友人関係に関するMLNを定める重み付き節集合である($A \Rightarrow B$は$\neg A \vee B$と$A \Leftrightarrow B$は$(A \Rightarrow B) \wedge (B \Rightarrow A)$と等価なので,上の2式は節集合に書き換えられる)。節の重みが大きいほど,その節は可能世界で真になる確率が高い。

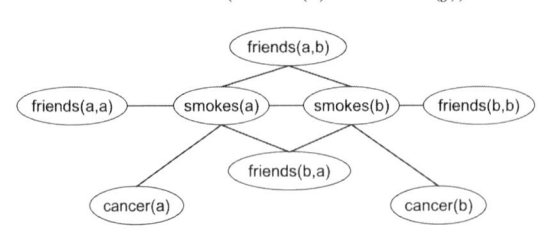

図4―喫煙と友人関係のMLN

さてエルブラン領域が有限で$\{a, b\}$の2個体からなる場合を考えよう。節の可能な基底代入例(節のすべての変数に基礎項を代入したもの)の全体を考え,同一の節の基底代入例に出現する基底アトムを辺で結ぶことにより図のような無向グラフが得られる(図4)。たとえば$friends(x, y) \Rightarrow (smokes(x) \Leftrightarrow smokes(y))$の$x$に$a$,$y$に$b$なる基底代入を行なえば$friends(a, b) \Rightarrow (smokes(a) \Leftrightarrow smokes(b))$基底代入例が得られ,ここに出現する基底アトム$friends(a, b), smokes(a), smokes(b)$は辺で結ばれてクリークとなる。

この無向グラフにおいて基底アトムは1(真), 0(偽)を取る確率変数であり,グラフは基底アトムの確率的依存関係を定めるマルコフ確率場を表す。節Cの基底代入例に対応したクリークは節に付随した重みW_Cが与えられている。可能世界ωの生成確率は対数線形(log-linear)モデル$P(\omega) \propto \exp\left(\sum_C W_C \cdot N_C(\omega)\right)$により与えられる。ただし$N_C(\omega)$は$\omega$が真とする節$C$の基底代入例の数である。

MLNは従来の対数線形モデルの素性として1, 0の値を取る基底節を使ったものと捉えることもできる。単純な仕掛けであるが,基底節を素性として使うことにより,命題間の論理的依存関係を節として記述するだけでなく,その依存関係が成り立つ程度を計算できる確率として与えることに成功している。MLNは推薦システムを始め,自然言語処理など広範囲に適用が試みられている。

MLN以外の比較的最近提案されたマルコフ確率場のクラスとして確率的ソフトロジック(probabilistic soft logic; PSL)がある[Kimmig 12]。MLNと同じく0.3：$friend(B, A) \wedge votesFor(A, P) \rightarrow votesFor(B, P)$のような重み付きの節からなるプログラムを使うのであるが,命題の確率値が連続値を取るところが根本的に異なり,そのおかげでMLNより計算上有利な点がある。具体的に見てみよう。

PSLにおいて真偽値は区間 [0, 1] の連続値を取り，基底アトムにそのような値をパラメータとして割り当てた後，基底アトムからなる任意のブール式の確率値が，以下のように再帰的に計算される．

$$\omega(A \wedge B) = \max\{0, \omega(A) + \omega(B) - 1\}$$
$$\omega(A \vee B) = \min\{1, \omega(A) + \omega(B)\}$$
$$\omega(\neg A) = 1 - \omega(A)$$

プログラムの重み付き節 $r = \lambda : B \to H$ に対し，この節の「真になることからの距離」を $d_r(\omega) = \max\{0, \omega(B) - \omega(H)\}$ により定義する．$d_r(\omega) = 0$ は $\omega(B) \leq \omega(H)$ と同値であり，これは $B \to H$ が(ブール代数を一般化した)ハイティング代数における真値を取っていることと同値である．可能世界 ω の生起確率は $P(\omega) \propto \exp\left(-\sum_{r \in R} \lambda_r \cdot d_r(\omega)\right)$ で与えられる．ここで R は PSL プログラムの重み付き節の基底代入例の集合であって，いま問題となっている確率モデリングに関係する基底アトムだけからなるものである．多くの r に対し $d_r(\omega) = 0$ が成り立つような ω の生起確率が高いことがわかる．

MLN に比べ PSL の有利な点として，最尤の説明(most probable explanation; MPE)問題を高速に解けることが挙げられる．MPE 問題は世界 ω の一部が観測され真偽が固定されているとき，$P(\omega)$ の最大値を与える残りの基底アトムの真偽値(パラメータ)を求める問題である．PSL の場合 MPE を解くには $\varphi = \sum_{r \in R} \lambda_r \cdot d_r(\omega)$ の最小値を与えるパラメータを求めるのであるが，φ がパラメータの関数として凸であり，また $d_r(\omega)$ もパラメータの線形関数から構成されているので，高速にこの MPE を解けるのである．

以上 SRL について駆け足で見てきた．総じて SRL は，ベイジアンネットの記述力を向上させるために論理式を導入したものの，ある種の便利な(マクロのような)関数として利用するだけで，論理学との繋がりはまだ弱い．次回は改めて論理と確率の関係に目を向け，両者の密接な繋がりを明らかにする．

参考文献

[De Raedt 08] De Raedt, L. and Kersting, K.: Probabilistic Inductive Logic Programming, in De Raedt, L., Frasconi, P., Kersting, K., and Muggleton, S. eds., *Probabilistic Inductive Logic Programming-Theory and Applications*, Lecture Notes in Computer Science 4911, pp. 1-27, Springer(2008)

[Domingos 04] Domingos, P. and Richardson, M.: Markov Logic: A Unifying Framework for Statistical Relational

Learning, in *Proceedings of the ICML 2004 Workshop on Statistical Relational Learning and its Connections to Other Fields* (SRL'04) (2004)

[Friedman 99] Friedman, N., Getoor, L., Koller, D., and Pfeffer, A.: Learning Probabilistic Relational Models, in *Proceedings of the 16th International Joint Conference on Artificial Intelligence* (IJCAI' 99), pp. 1300-1309 (1999)

[Getoor 07] Getoor, L. and Taskar, B. eds.: *Introduction to Statistical Relational Learning*, MIT Press, Cambridge, MA (2007)

[Goodman 08] Goodman, N., Mansinghka, V., Roy, D., Bonawitz, K., and Tenenbaum, J.: Church: a language for generative models, in *Proceedings of the Twenty fourth Conference on Uncertainty in Artificial Intelligence* (UAI' 08) (2008)

[Kimmig 12] Kimmig, A., Bach, S. H., Broecheler, M., Huang, B., and Getoor, L.: A Short Introduction to Probabilistic Soft Logic, in *NIPS Workshop on Probabilistic Programming: Foundations and Applications* (2012)

1——同時分布の表現については別記事を参照。
2——条件部の無い確率分布は条件付き分布の特殊な場合と考えることができるので，ベイジアンネットにおいては，まとめて CPT と呼ばれる。
3——映画の例は，佐藤，亀谷：グラフィカルモデルにおける論理的アプローチ，人工知能学会誌，Vol. 22, No. 3, pp. 306-319 (2007) のものを改変している。

（さとう・たいすけ，あそう・ひでき）